ゾルゲ、上海ニ潜入ス

日本の大陸侵略と国際情報戦

楊国光
YANG GUO-GUANG

社会評論社

ゾルゲ、上海ニ潜入ス——日本の大陸侵略と国際情報戦＊目次

日本語版の出版によせて

近年、中国でもソ連軍事諜報員リヒアルト・ゾルゲやゾルゲ事件に対する関心が、急速に高まっている。第二次世界大戦終結六十周年を記念して、中国共産党中央委員会機関誌『人民日報』が「反戦・反ファシズムの英雄」ゾルゲを顕彰したのにつづいて、国営「新華社通信」もこれを取り上げ、全国紙参考消息に「中国におけるゾルゲ・グループ（一九三〇〜三二）」と題する長文の論稿を掲載した。このほか、全国誌の『世界博覧』は、「スパイ・ゾルゲ」の見出しで彼の生い立ち、ソ連・中国・日本での諜報工作活動の模様、ゾルゲに対するクレムリンの対応、さらにその刑死に至るまでの伝説的な生涯を写真入りで紹介した。ついで二〇〇八年には、上海テレビ、北京の中央テレビもゾルゲの特集番組を組むなど、ゾルゲ事件への興味を一気に盛り上げる形となった。

著者は長年、中国新聞社（北京）の東京特派員として日本に滞在（一九八四〜九四）、日本のゾルゲ研究に学ぶと同時に、いまは故人になられた作家・評論家の尾崎秀樹《ほつき》やゾルゲの日本人妻石井花子御両人を取材する機会にも恵まれた。本書はそのときの取材メモに加え、その後の独自の研究などをもとに書いたものだ。最初の中国語版『諜海の巨星ゾルゲ』は二〇〇二年、上海の学林出版社から、また、新版『リヒアルト・ゾルゲ——ある秘密諜報員の功績と悲劇』を二〇〇五年、同じく上海の辞書出版社から上梓《じょうし》した。当時、中国には他にゾルゲやゾルゲ事件に関する類書や専門書がほとんど皆無に近く、読者から貪り読まれてかなりの反響があった。本書は、後者の中国語版を著者自身が日本語に訳出し、一部を新たに書き下ろしたものである。中国語原文（新版）は一八万三千字、関連図版・写真五〇数点にのぼっている。

本書の特徴のひとつは、ゾルゲやゾルゲ事件研究のいちばん進んでいる日本でも、まだ余り知られていないゾルゲの中国における諜報活動や交友関係、とくに中共中央特科（中国共産党中央の非合法防諜・情報機構。一九二八年、のちの中国首相周恩来らが創設。後年、上海情報科に変身）との協力に焦点を絞って、未公開資料を整理する形で綴ったことで、全十二章のうち、次の六章をこれに当てた。

①上海での出合いとその日々
②ウェルナーの語る上海、スメドレー、ゾルゲとそのグループ
③周恩来とゾルゲの秘密会見
④中国人協力者陳翰笙とゾルゲ
⑤王学文とゾルゲ及びその協力者たち
⑥上海情報科と「中共諜報団事件」

ゾルゲが中国、とくに上海で組織した情報網はかなりのものであった。おそらくこの実力と実

績を買われて、ゾルゲはのちソ連秘密軍事諜報員として日本へ派遣されるが、彼が日本で重用した協力者が上海で初めてつくった人脈、尾崎秀実とそれにつながる人々であったことは、特筆に価いしよう。また、この時期に、ゾルゲが当時、中共中央文委書記であった王学文を通じて、常時周恩来ならびに潘漢年が指導していた中央特科（諜報機関）と連絡を取り合っていたことも、見逃せない。この意味では、日本の特別高等警察（特高）の秘密ファイルにもあるように、ゾルゲ諜報団の諜報活動は、その拠点が上海または東京の如何《いかん》に関わりなく、事実上世界各国に展開した「コミンテルン諜報団」の出先機関として、つねに中共中央特科との繋がりを持っていたことは否定できない、と言えよう。本書は中国国内で入手した未公開資料を使って、この点について詳しく記述しているので、日本のゾルゲやゾルゲ事件研究家やさらに一般の読者にも、大変新鮮に受け取られるに違いない。同時にまた、日本の中国におけるゾルゲやゾルゲ事件研究にも少なからず役に立つものと思う。

二〇〇六年五月下旬、モンゴルの首都ウランバートルで「ゾルゲ事件とノモンハン・ハルハ河戦争」に関する国際シンポジウムが開かれた。このとき私はこの本（第八章）に載っている自分の研究の一部、すなわち「ノモンハンの狂気とソ連軍総参謀本部諜報総局（ＧＲＵ）の満州対日情報班ⅠとⅡ」について報告。その中で、上海時代のゾルゲの秘書だったルート・ウェルナーが当該組織の奉天組組長だったことを明らかにしたところ大変注目されて、日露歴史研究センター代表白井久也氏が、日本の『図書新聞』で大きく取り上げてくれた。日本の研究者も初めて接する相当に貴重な情報だったせいと思う。

詳細はなお不明だが、中国にもゾルゲやゾルゲ事件関係の埋もれた文献・資料がまだあるはずである。私は微力ながら、何とかこれを発掘して、今後自分や日本の研究仲間の研究に役立てると同時に、日本や他の国々の研究者とも提携して、ゾルゲ問題のさらなる究明、ことに国際的な共同研究の発展に寄与できれば、と願っている。

半植民地・半封建のかつての中国、とくに当時の「魔都」上海は、ゾルゲがGRUの対外諜報部員として活躍した最初の舞台であった。ウランバートルでは、日本を含めた外国の出席者の中から次回シンポジウムを上海で開いたらとの意見が出た。これに対して、ハルビン社会科学院長鮑海春氏は受けて立つ構えを見せ、具体的な提案があればしかるべく努力することを約束して帰国した。私もこの意見には賛成で、日本、ロシアの研究者と協力して、是非、中国の適当な場所で、将来、ゾルゲ事件国際シンポジウムを開くべくその実現に努力するつもりだ。

六十七年以上も前のゾルゲ事件が、現在もこのように幅広く関心を持たれるのは、それが単にサスペンスとスリルに富むだけの「スパイの世界」の出来事だけではないからだ。それは先の世界大戦とも絡み、また、世紀の大テーマ、ロシア十月革命に始まる社会主義と資本主義との共存と葛藤という、二〇世紀の最も大きな歴史問題とも深い関わりがあったからで、世紀を越えて今日、客観的な見直しができるようになったと言えよう。

二〇〇九年六月　北京で　楊　国光

第一章　ゾルゲの家庭とその生い立ち

少年ゾルゲと大伯父

ソ連軍事諜報員リヒアルト・ゾルゲは、一八九五年十月四日、カスピ海西岸のアゼルバイジャン共和国の首都、バクー郊外のサブンチ村に生まれた。父親のクルト・ゾルゲはドイツ人で、スウェーデン石油会社の採掘技師だった。母親ニーナ・セミョーノブナ・コベレワは地元のウクライナ娘。夫より十五歳も若かった。

ゾルゲが三歳のとき、一家は父の故国ドイツへ引き揚げた。だがこれが機縁となって、ゾルゲは終生ロシアと結ばれることになった。四人の男子の末っ子のためか、彼はとくに母親に可愛がられた。子供の頃のゾルゲは大の腕白坊主で、クラスメートから「宰相」呼ばわりされたが、理由もなく人をいじめたりしたことはなかった。物事に怖じ気ず自己を主張、年に似合わず独立性が強かったともいう。十二歳のとき父親を失うが、残された資産で一家は生活に困ることもなく、子供たちは良い教育を受けることができた。

大伯父フリードリヒ・アドルフ・ゾルゲ（一八二八―一九〇六）はドイツ社会主義者で、国際

バクーのゾルゲ一家。中央の赤ん坊がゾルゲ、右が母親、その右が父親。
（写真提供＝CNSphoto）

労働運動活動家であった。マルクス、エンゲルス、ウィルヘルム・リープクネヒトの同志で、戦友でもあった。一八四八年のドイツ革命では、エンゲルスとともに参加した。このため欠席裁判で死刑を宣告され、のちに国外に亡命。スイス、ベルギー、英国などを転々としたのち、ロンドンでマルクスと知り合った。一九〇六年、亡命先のニューヨークで客死した。

幼児のゾルゲの記憶によると、大伯父のフリードリヒはとくにゾルゲ一家と親しく、母親のニーナ・セミョーノブナは彼の依頼で、当時、マルクスやエンゲルスと交わした書簡をずっと小箱に入れて大切に保管していた。このため、母親は暇をみては、子供たちに大伯父の武勇伝や手柄話を語り聞かせたものだ。

この書簡集は一九〇六年、『ベイクル、ディッツゲン、マルクス、エンゲルスのゾルゲ宛書簡』と題して、ドイツのシュトットガルトで出版された。レーニンは、これが「われわれ先進的マルクス主義文献の掛け替えのない補足部分だ」と序文に書いている。ゾルゲものちにこの書簡集のドイツ語版とロシア語版を読んでいた。

アドルフ・ゾルゲの数多い著作の一つに、「マルクスに関して」と題する長文がある。一八八三年三月一四日ロンドンからのエンゲルスの電話で、マルクスの死を知らされた老ゾルゲが綴った追悼文だが、いまではマルクスの事業とその人となりを知る上での貴重な歴史的文献の一つともなっている（『回想のマルクス・エンゲルス』）。ちなみに、老ゾルゲに宛てたマルクス、エンゲルスの手紙は、『マルクス・エンゲルス全集』第三七巻に収録されている。

ゾルゲは終生この大伯父と会うことがなかったが、常に彼を誇りとし、彼に学ぶところが多かったようだ。

カイゼル皇帝の一兵卒

一九一四年八月、第一次世界大戦が勃発した。このときゾルゲは血気盛んな十八歳。彼はカイゼルの志願兵として戦場へ赴いた。西部戦線ではベルギーと、東部戦線ではロシアと戦って三度負傷、その軍功を買われて二等鉄十字章を授与された。この戦争は青年ゾルゲを大きく変え、革命への道を歩ませることとなった。次のくだりは、彼の『獄中記』からの抜粋である。

「同一部隊の戦友たちは、みな純真そのものの若者たちだ。彼らの誰一人として他国の領土を併呑しようとも占領しようとも思ってはいない。彼らは戦場で命がけで戦っているのに、誰一人として戦争の真の目的が何であるかを知らないでいる。ましてやその深遠な意義など分かるはずもない」

「私はこの戦争が無意味であり、荒廃を招くだけであることを痛感した。数百万の人が死に、私を含めて多くの国民が飢えに苦しんだ」

なぜこういうことになったのか?「私はマルクスの著作を読み漁り、共産主義運動の思想に強く引かれた」

ゾルゲは戦地で「スパルタクス」の反戦ビラを読んでいたのだ。その彼が負傷して帰還・療養中に、ロシアで十月社会主義革命が起こった。母親はキエフ鉄道労働者の娘。彼女がこのニュースを真っ先に、息子のリヒアルトに伝えた。

「ロシア革命の勃発で、私は革命運動を理論的、思想的に支持するだけでなく、行動の上でもこの運動の一員になるべく決心した」

世紀の風雲児、革命家の卵、リヒアルト・ゾルゲの誕生である。ときは一九一八年、彼は二十二歳になっていた。

第一次大戦も終末期に差し掛かっていた。ドイツは軍事、経済ともに崩壊前夜にあった。こうしたなかで、一九一八年十一月三日、キール軍港の水兵たちが反乱を起こした。革命は瞬く間に全国に波及していった。ゾルゲも革命に身を投げ、その中でのちにドイツ共産党指導者エルンスト・テールマンと邂逅、彼のもとで地下活動に携わった（『テールマン伝』）。この年、ゾルゲはテールマンとともにドイツ独立社会民主党に入党した。

一九一八年十一月九日、ベルリンの労働者、兵士が蜂起。皇帝はオランダに亡命、ドイツ帝国はここに終焉した。翌年の一月、ベルリンの労働者がドイツ共産党の呼び掛けに応えて再度立ち上がるが、蜂起は失敗。ローザ・ルクセンブルクとカール・リープクネヒトは反動派に虐殺された。ゾルゲは白色テロの荒れ狂うなかを、キールを脱出して、ハンブルクに向った。彼がドイツ共産党（スパルタクス）に入党するのは一九一九年十月十五日。一九二一年にはハンブルグ地域代議員として、同党のイエーナ大会（八月二十二日―二十六日）に参加している。

この間、ゾルゲはハンブルク大学で、社会学博士の学位を取得。一九二二年、党の依頼で、マイン河畔のフランクフルトに向い、同市の大学の助教授を務めた。党から与えられた任務は、ベルリン党中央との連絡員、地域党財政の管理係りで、ゾルゲはそのいずれをも立派にこなした。

党活動のかたわら、ゾルゲは同地で『ローザ・ルクセンブルクの資本蓄積論について——労働者たちのために』と題した処女作を出版した。

当時のドイツでは、ローザ・ルクセンブルクは進歩的な若者たちの偶像でもあった。彼女が一九一三年に発表した『資本蓄積論』は現代資本主義、すなわち帝国主義の発展とその趨勢を論じたマルクス主義的な著作。ゾルゲの書は自分の理解をもとにルクセンブルクの経済思想を解明、マルクス主義経済学への入門書として、好評を博した。ドイツ語版に次いで、一九二四年にはロシア語版がハリコフで出版された。

ゾルゲ、モスクワへ

一九二四年はゾルゲにとって、人生の一大転換点となった年であった。

この年の四月、ドイツ共産党フランクフルト大会が同市でひらかれ、コミンテルン（共産主義インタナショナル）から代表団が送り込まれた。顔ぶれはピャトニツキー、マヌイルスキー、クーシネン、ロゾフスキーら六人の錚々《そうそう》たるメンバーだった。ドイツ共産党は当時、地下から這い出て合法活動を始めたばかりで、右翼勢力がなお猖獗《しょうけつ》をきわめていた。安全のため、ドイツ党中央の指示で、ゾルゲがコミンテルン代表団の世話役を務めたのだ。彼の幅広い知識と機知に富む働きぶりは、これらコミンテルンの幹部たちに強烈な印象を与えた。こうして同年十月、ゾルゲは新妻クリスチアーネを伴ってモスクワへ向い、赤の広場に近いゴーリキー通り（現在のトベール通り）に面したコミンテルン活動家専用ホテル「ルックス」に居を定めた。

コミンテルンはレーニンが十月革命後間もない一九一九年に創設した世界共産党。共産主義グループの国際的組織で、各国の党組織はその支部とされた。ゾルゲはここで、ピャトニツキーの指導する国際連絡部（ＯＭＳ）に配属され、各国のおける労働運動の研究や各地の支部との連絡などの実務に携わった。ＯＭＳというのは、コミンテルンの非公開組織。海外特派員の派遣や活動資金の提供、モスクワ中央の決議・指示の伝達などを主たる任務とし、ゾルゲもこの関係で数度、北欧や英国を秘密裏に訪れている。

ゾルゲの理論著作

ゾルゲがゾンテルのペンネームで、新著『新ドイツ帝国主義』を世に問うのは、一九二八年。ドイツ語版とロシア語版のほかに、翌年には『新帝国主義』と題して、東京でも不破倫三訳で日本語版が叢文閣から出版された。

これはゾルゲの名著。レーニンの帝国主義論に依拠して、とくに第一次大戦後のドイツにおける帝国主義の復活問題を取り上げ、その経済的拡張と領土的野心はいずれ新規の緊張状態を作り出し、果ては新しい戦争へもつながろうと結論付けた。そして、ドイツ・プロレタリアが目下三つの戦争の危険にさらされていること、つまり「帝国主義列強間の戦争とドイツの参戦」「中国における争奪と参戦」「ソ連に対する武力干渉と参戦」を指摘、それに対応して次の二つの明快なスローガンを打ち出した。

「中国とソビエト・ロシアの革命を支持しよう！」

「帝国主義戦争を国内戦争に転化させよう！」

この際、ゾルゲは自著に、帝国主義についてのソ連共産党切っての理論家で、のちにスターリンと対立するブハーリンのいくつかの論拠を引用することをも忘れてはいなかった。ブハーリンは第一次大戦前、レーニンとほぼ同時に帝国主義の研究に取り組んだ、ロシアのマルクス主義者の一人で、『世界経済と帝国主義』を書き上げている。レーニンは同書をマルクス主義への貢献として高く評価、序言を寄せた。

レーニンは生前、ブハーリンを「もっとも卓越した存在（いちばん若手のうち）」、「党のかけがえのない、最大の理論家」「全党の寵児《ちょうじ》」と称して、賛辞を惜しまなかった。レーニン亡き後、ソ連共産党（ボリシェビキ）党内の矛盾は日増しに激化した。一九二六年、ジノビエフはスターリンによってコミンテルン議長のポストを解かれ、代ってブハーリンがその後を継いだ。コミンテルンでの四年間、ゾルゲは主としてブハーリンの指導下にあり、マヌイルスキーの秘書役をも務めた。この時期は、ゾルゲの理論活動のもっとも旺盛な時期でもあった。彼の見るところ、ブハーリンはコミンテルンの著名な活動家であるばかりか、「レーニン主義」の正統な後継者でもあったのだ。しかし、この種の認識や仕事上の関係が間もなく、ゾルゲの「歴史問題」として浮上、のちの「災い」の元ともなるのだが、もちろん当時のゾルゲにとっては知る由《よし》もなかった。

赤軍参謀本部へ

一九二九年、ブハーリンはスターリンによって「右翼投降主義」として蔑《さげす》まれ、コミンテルン政治書記局書記、党機関紙『プラウダ』編集長、さらには党政治局員を解任された。このボリシエビキ党内の意見の相違と闘争は、直ぐにコミンテルンにも波及、少なからぬドイツと国際共産主義運動の活動家を巻き添えにした。ゾルゲは「右派」「無定見者」、「ブハーリン分子」と決め付けられ、間もなくコミンテルンから締め出された。ゾルゲ自身の言葉でいえば、「私はコミンテルンの代わりにソ連を選んだ」（『獄中記』）のだ。

もしドイツの活動家マスロフやルート・フィッシャーのように、これを契機にソ連に見切りをつけ立ち去ろうものなら、歴史にゾルゲという伝説的なヒーローは、あるいは名を留めることがなかったかもしれない。しかし、ほかの誰でもなく、ゾルゲ自身がみずからの人生座標を歴史があらかじめ用意したこの位置に定めたのであった。

幸いにして、ゾルゲはこの時、一人の知己を得る。赤軍総参謀本部情報第四本部長ベルジン将軍である。その上、一九二九年当時ソ連共産党党内の矛盾が激化したとはいえ、まだ全面的対抗にまでは至らず、スターリンに対する個人崇拝も最終的に形成されてはいなかった。スターリン体制が確立されるまでにはなお七、八年の猶予期間を必要としていたのだ。

一九二九年下半期、ゾルゲはコミンテルンからモスクワ旧アルバート通りにあった赤軍総参謀本部情報第四本部に移った。

「諜報活動は私の好きな仕事の一つだ。それに私は自分がこの仕事に向いているように思う……私の性格、趣味、好みからして、いずれも政治情報や軍事情報の収集に適してはいても、党内論争からは私を敬遠させるのだ」（前掲書）

「ベルジンと初めて会ったとき、私たちは主に軍事部門としての第四部と政治情報活動との関係について話し合いました。私がこの種の仕事に興味をも持っているのを、彼は知っていたからです。ベルジンと数回話し合った後、私は中国へ派遣されることが決まりました」（前掲書）

ちなみに、ゾルゲはこの時モスクワで、彼のロシア語の先生だったエカテリーナ・アレクサンドロワ・マクシモワと結婚している。クリスチアーネとは一年前に離婚。一旦ドイツに戻った彼女はのちに米国へと去っていった。

第二章　革命の志士——尾崎秀実

尾崎秀実のおいたち

ゾルゲを語るうえで、忘れてならない人がいる。のちに彼の無二の戦友・同志となる日本人の尾崎秀実《おざきほつみ》である。

尾崎秀実は一九〇一年、東京で生まれた。父親の尾崎秀太郎（のち、秀真《ほつま》と改名）は岐阜県の飛騨・高山の出身で、ジャーナリスト、漢詩人でもあった。秀実は生まれて間もなく、母親について父の赴任先の台湾へ渡り、ここで感受性の強い青少年期を過した。

台湾は一八九四—九五年、大陸の清王朝が腐敗と無能のため日清戦争に敗れ、二〇〇万とも三〇〇万ともいう地元住民もろとも、日本に割譲されて植民地と化した。以来、これを不服として、台湾住民が決起、「三年に一小乱、五年に一大乱」と、抗日の闘いに立ち上がった。

台湾住民のこの間断なき闘いは、尾崎少年に民族問題への関心を喚起し、のちに中国問題に取り組む契機となった。後年、反戦・反ファシズムゆえに獄に繋がれるが、彼は死を前に自らの思想遍歴を、次のように淡々と語っている。

「私の少年期を通じてただ一つ一般の人達と異った経験は、台湾という土地柄のために、絶えず台湾人（中国系統人）との接触を持ち、子供同志の喧嘩もあれば、また統治者と被治者との種々なる関係が日常生活の上で具体的な形で直接に感得されたことであります。この点は私の従来の民族問題に対する異常なる関心を呼び起す原因となり、また中国問題に対する理解の契機となったように感ぜられます。

古い時代の植民地日本人は概して乱暴なものでありました。台湾人に対してはかなり傍若無人に振舞って居りました。私は子供らしい同情心や人道主義からこれに反感を持って居たように思います。私の父親は「温厚な君子人」の方でありますが、それでもある時外から人力に乗って帰り、適当な賃銀を払ったのでしょう、それにもかかわらずうるさくつき纏って来る車力に黙ってステッキを振って追い払ったのを見ました。中学生だった私ははげしく父に喰ってかかったことを覚えて居ます」（現代史資料『ゾルゲ事件2』）

少年期特有のまじりけのない純な性格もさることながら、尾崎が支配層に属する一日本人であっただけに、彼が語る日本の植民地統治の現実と実態は、他にない重みと説得力がある。

尾崎秀実は一九一九年、日本に戻って、東京第一高等学校に入学、一九二二年東京帝国大学法学部に進んだ。一九二三年九月の関東大震災は、首都・東京の中心部を直撃、一瞬にして死傷、行方不明を合わせて一五万の犠牲者を出した。この際、日本に居住する朝鮮人や華僑および社会主義者大杉栄、伊藤野枝、労働組合員河合義虎らに対して行われた官憲のむごい迫害と虐殺は、

台湾の尾崎一家。左一が秀実、右一が父親の尾崎秀太郎。（写真提供＝CNS photo）

尾崎秀実をマルクス主義へと向かわせる転機となった。

「九月一日の大震災は、その只中にあった者にとっては、当座はあたかもこの世の終りかのごとき感すらありました。その間、いわゆる朝鮮人騒ぎの実情をつぶさに経験し、民族問題の深刻さと政治との複雑なる関連とを痛嘆せざるをえませんでした。南葛の労働組合幹部の惨殺事件があり、大杉栄親子の殺された事件があり、現に私の隣家である農民運動社が夜中襲われ、軍隊の手につれられて妻子もろとも引立てられて行くのを目撃したことは、まことに強い衝動でありました。この年を転機として私は、社会問題をまともに研究の対象とするにいたったのであります」（前掲書）

一九二五年本科を卒業すると、尾崎は同校の大学院に残って労働法を勉強、史的唯物論研究会にも入ってマルクスの『資本論』、レーニンの『国家と革命』など、マルクス主義の古典を読み漁った。

特派員として上海へ

一九二六年、尾崎は東京の朝日新聞社に入社、翌年大阪の朝日新聞社に配属された。彼はたまたまウィット・フォーゲル著『目覚めつつある中国』を読んで感銘、特派員として中国へ行く決心をしたという。

尾崎は一九二八年十一月、妻英子とともに上海に向った。当時の心境を、彼はこう書いている。

「……多年あこがれていた中国の地に朝日新聞の特派員として派遣せられることとなり、実に勇躍して任地たる上海に向いました。中国問題は私にとっては出身地たる台湾以来切っても切れない関係がありました。ことに一九二五年以来のいわゆる大革命の時代は、一つ一つの出来ごとが深い興味を呼びました」（前掲書）

このときの感動を振り返って、尾崎はのちに獄中から妻と娘楊子に次のように書き送っている。

「滔天（宮崎）がはじめて揚子江をさかのぼって上海に入った時、なんとも知れず感きわまって泣いたと書いてあることは、同感できます。私も最初に上海に入ったときの感激は、一生のうちの最大のものの一つです」（昭和十九年三月二十三日）

中国における革命に憧れを感じた尾崎秀実と孫文の革命を助けた宮崎滔天《とうてん》。二人の間には時空を越えて、互いに相通じるものがあったに違いない。上海での見聞はどれ一つとっても、尾崎には耳新しいものではなかった。彼の目にした中華、その民族、言語、文化、風俗、習慣のいずれものが台湾の風土にも根差していたからだ。

尾崎秀実は難なく、中国の社会に融け込んでいった。

尾崎の横顔を、当時、朝日新聞上海支局長の太田宇之助が、後日、回想している。

「尾崎は……猛烈な読書家で毎月の内山書店への支払いが大変だった。店主内山完造君と私とは古くからの親友で、私は暇あれば同書店へ出かけて漫談したものだが、こんな関係もあってか、若いサラリーマンには身分不相応に買い込む尾崎君の書籍の借金がかさむのを、内山君はあまり気にしない様子だった。……尾崎君は極めて明朗快活な性格で、学究的な体臭は全く感じられず、交際面も割に広かった。同君の上海時代を終始共にした私が一度も尾崎君の暗い顔を見た記憶はなく、いつも笑をたたえている明るい顔だけである」（『上海時代の尾崎君』）

上海の四年間、尾崎一家は北四川路に住み、尾崎は近くの進歩的文化団体の創造社、芸術劇社、中国左翼作家連盟によく出入りした。当時、彼と交友のあった中国人作家・文化人に夏衍《シャーイエン》、陶《タオ》晶孫《チンスゥン》、鄭伯奇《ツンポーチー》、馮乃超《フォンナイツァオ》、沈西苓《スンシーリン》、田漢《テンハン》、郁達夫《ユィターフー》、王独清《ワントゥチン》、成仿吾《ツォンファンウー》らがいる。尾崎はまた彼らの主宰する雑誌『大衆文芸』の座談会に参加することもあり、白川次郎と欧佐起《おさき》のペンネームで同誌に「英国は何故に立ち後れたか」、「日本左翼文壇一瞥」などの評論や文章を書いている。このほか、魯迅《ルーシュン》の『阿Q正伝』、沈西苓の『蜂起』の日本語訳（一部）にも携った。

夏衍著「『左連』成立前後」の一文に次のくだりがある。

「一九三〇年五月二十九日のことだ。『左連』の第二回全体会議が日本クラブで秘密裏に開かれた。会場を提供したのは尾崎秀実君だ。このクラブは順番に番に当たることになっていて、この日はたまたま彼が当番だった。ここは安全でしかも便利だった。日本人が経営するクラブだからだ」

尾崎秀実は魯迅（一八八一―一九三六）とも交友があった。増田渉の思い出によると、魯迅はある日尾崎について、「ドイツ語のよくできる新聞記者だ。知識もひろいし、人間もしっかりしている」と語ったという。

スメドレーとの出合い

尾崎の上海着任から一ヵ月（一九二八年）ほどたって、アグネス・スメドレーがモスクワからシベリア経由で中国入りした。最初の町がソ連の国境の町、アトポールの向かいの満州里。肩書はドイツ紙『フランクフルター・ツァイトゥンク』上海特派員。中国東北各地を回り、北平（北京）や南京にも立ち寄って、目的地の上海に着いたのは、翌一九二九年の上半期であった。

尾崎秀実との出会いは、二九年末のことらしい。

尾崎の記憶によると、コミンテルンの中国人協力者陳翰笙《ツェンハンスン》か或いは時代精神《ツァイト・ガイスト》書店の経営者で、コミンテルン工作員でもあった若いドイツ人女性ワイデマイヤーを介して、スメドレーを知ったとあるが、いずれにせよ、彼らはともに中国革命を支援し反戦を闘う宿命にあったのだ。

ちなみに、いま一人のドイツ人女性ルート・ウェルナーはすでに上海にあり、ワイデマイヤーと姉妹さながらの付き合いをしていた。尾崎は間もなく、ルート・ウェルナーとも出合う。が、それは後日談である。

尾崎はスメドレーとの初対面の印象を次のように記している。

「あの上海のバンドと南京路のかどにあるパレス・ホテルのロビーで待っていると、赤い色の散歩服を着て飛びこんできたのが女史だった。腰を下ろすと思うと、初対面の挨拶なんかそっちのけで元気よく話し出した」

スメドレーは彼に中国農業問題に対する日本人の研究とその成果について尋ねている。尾崎が少々あいまいにでも答えると、すかさず切り込んでくるといった具合で、尾崎もたじたじの態《てい》だったらしい。

「私はその時、つくづく彼女の顔を見た。彼女の顔はなるほど綺麗とはずいぶん縁の遠いものだった。しかし、私はその後幾度か会ううちに女史の顔を美しいと思うことすらあった。とても無邪気な笑顔だった。その頃初めて女史の小説（『女ひとり大地を行く』）のドイツ語版が到着した。その表紙に女史の顔が、あの複雑な表情が大写しで出ているのに驚いた。私の行くドイツ人の本屋（時代精神書店）のおかみさん（ワイデマイヤー女史）は、その絵をひどく気にして、「これは実物よりうんとひどい、こんな写真を出しては気の毒だと同情していた」（『アグネス・スメドレーの顔』）

二人はやがて、同じ道を歩むことになる。

第三章　上海での出合いとその日々

ゾルゲ、上海に潜入

　ゾルゲは赤軍総参謀本部のベルジン第四本部長から、中国行き任務を授かると、一九二九年十一月ベルリンへ向い、自分の本名でパスポートを取得した。次いで計画通り、『ドイツ穀物新聞』の編集部を訪れ、中国問題について編集長に独自の見解を述べ、その理解を求めた。つまり中国の根本問題は農村問題であり、農業と農民の状況を比較研究することは、中国の全体像を理解し把握する近道であり、最重要課題だという意見であった。編集長はしきりにうなずき、彼の見解に同調した。一方、ゾルゲは同紙のほか特約寄稿者として、社会学雑誌社とも契約を結び、寄稿することになった。ゾルゲはまた、『ドイツ穀物新聞』編集部の友人を通じて、ドイツ外務省から上海のドイツ総領事館宛紹介状も、手に入れることができた。こうして彼はフリーランサーのドイツ人記者の肩書で、仕事ができる態勢が整った。あとは出発を待つばかりとなった。

　一九二九年十二月、ゾルゲはまずベルリンからパリ経由でマルセイユ港へ向った。そこから日本の大型客船に乗り込んで、スエズ運河とマラッカ海峡を通って香港に上陸した。その先は陸路を選び、目的地の上海に着いたのは、一九三〇年一月三十日だった。

共同租界の市警察は、すぐこの「新来の客」に注目した。ゾルゲを迎えた古参諜報員のアレクサンダー・ペトロービチ・ウラノフスキー（一八九一〜一九七一）は、ゾルゲが来る前から監視の対象となっていて、四六時中尾行がつきまとい、彼は何もできないようになっていた。ウラノフスキーがとるべき道は、早々とモスクワへ引き揚げることしかなかった。

別れ際に、ウラノフスキーはゾルゲにいった。

「私はベルジンにここのすべてを報告するつもりだが、君なら大丈夫だ！」

このときから、ゾルゲは上海における諜報活動の全責任を一人で背負って仕事をすることになり、才能を発揮し始めたのだった。

上海を諜報活動の拠点とするゾルゲに課せられた任務は、南京政府の社会・政治構造、とくにその軍事力および反南京政府各派閥とその力量、英米日の対中国政策、中国の工農業概況の情報収集と研究分析だった。そのためになさねばならない当面の課題は、蒋介石の反共クーデターで、完全な機能不全に陥った諜報網の早急な再建であった。

一九三〇年代の上海

前世紀二〇年代、三〇年代の上海は文字通り、半植民地・半封建中国の縮図であった。国内外の多種多様な勢力が奇妙な形で交錯し、かつ重なり合うこの国際都市は、その背後に表面から窺い知ることのできない「闇の部分」が大きく広がり、「魔都」とも称されたものだ。

当時の上海は、国民党の軍隊・警察・憲兵・特務が完全に支配し、彼らの庇護する青帮《チンパン》、紅帮《ホンパン》といったゴロツキ集団が巣食っていた。上海はまた「冒険家の楽園」と呼ばれ、帝国主義列強の中国侵略の大本営として、「国中之国」と呼ばれた租界があり、英米日の共有する共同租界とフランス一国の管理下にある租界の二つがあった。ここには植民政府——工部局が設置され、上海巡捕房（上海市警察）が警察権を行使していた。治外法権と称して中国政府の管轄外に置かれ、外国人はほしいままに悪事を働くことができた。

同時に、上海は中国革命発祥の地でもあった。二〇年代の大革命時代三回蜂起した経験を有し、革命運動を進めるのに極めて有利な土地でもあった。中国共産党は上海で誕生、ここを基盤に全国の運動を領導していた。二〇年代後半、ドイツなど西側世界の革命運動が退潮したあと、上海は一躍脚光を浴び、東方の革命に夢をかける欧米諸国の進歩人士を引き付けた。アメリカ人女性ジャーナリスト、スメドレーはそんな人物の一人であった。彼らにいわせれば、「上海は中国革命の主要な基地であり、租界は国民党警察の目から逃れる隠れ場」でもあった。

上海に着いたゾルゲは、まず紹介状を頼りにドイツ総領事館を訪ねた。総領事のリュート・フォン・コレンベルグ男爵は肥った大柄な老人で、ゾルゲをことのほか暖かく迎えてくれた。総領事はゾルゲが中国の農村問題に関心を示したことを褒《ほ》め称《そ》やした。そして、南京に行って蒋介石の軍隊に派遣されたドイツ軍事顧問団にも会うようにすすめた。

「一番りっぱな背広を着て南京へ行くのだ。蔣介石に会ったら、礼儀正しく、丁寧に挨拶するのだ。これが彼にうまく取り入る秘訣なのさ」

ゾルゲは総領事の助言を肝に銘じた。


ゾルゲは当初、南京路にあるパレス・ホテル（現在の和平飯店）に泊った。ここは阿片と武器のドイツ人密輸業者サスーン（沙遜）の経営するホテルで、ちょうど黄浦江のバンド（外灘）に面していた。スメドレーも当時、このホテルに泊っていた。ゾルゲはドイツを離れる前から、反逆精神に富む彼女のことを聞いており、彼女の本も読んでいた。一九三〇年二月二十三日、ゾルゲは外国人記者の会合で、彼女を知った。

「初めて会ったとき、私はスメドレーが頼りになる人だとすぐ分かった。……私が上海グループをつくる際、とくに中国人協力者を物色するとき、彼女に手伝ってもらった。私は彼女の若い中国の友人とできるだけ会うようにした。とくに進んで協力してくれるような人たちと交際し、左翼活動のため外国人と一緒になって積極的に仕事をする友人と、交際を持つようにした」

ゾルゲの上海情報網

アグネス・スメドレーは一八九〇年、米国の労働者の家庭に生まれた。一九一八年、ロシア革命に共鳴したため投獄された彼女は一九一九年故郷を後にして、欧州へ向い、八年間ベルリンに滞在した。一九二八年スメドレーは、記者の肩書で上海にやってきた。上海で進歩的文化活動に従事、以来彼女は中国を自分の第二の故郷と見なした。スメドレーはこの国と民を理解し、中国革命への共感の念を少しも隠さず、多くのレポートを書いて、世界に向けて発信した。このとき彼女はすでに三八歳、自叙伝『女ひとり大地を行く』(別名『大地の娘』)の作者として、名声を博していた。屈強な性格の主で、気骨があり、世俗を憎み、エネルギッシュだった。

あるとき、カリフォルニアの官吏が軽蔑した口調で彼女にいった。

「アグネスさん、あなたはアメリカ人に似ていませんね……」

彼女が自分の国を愛していない意味のことを、この官吏はほのめかしたかったらしい。彼女はとっさに遣り返した。

「あなたは御自分だけがほんとうのアメリカ人だとでも思っているの？　私の祖先はアメリカ大陸を守るために、スペインの征服者と戦争したことがあるのよ！　私も征服者の末裔《まつえい》やあなたたちのような搾取者と闘ってやるわ……」

スメドレーが上海に着いて間もなく、アメリカン・クラブの支配人が女史のために茶話会を催した。招きに応じてやってきたスメドレーはまず支配人に尋ねた。

「中国の方もクラブの活動に参加しますか？」

答えはノー。ここには中国人の会員はいないとの話であった。彼女はまた聞き返した。

「中国のお客もいないの？」

「中国人はここへは出入りできません」

これを聞くと、スメドレーはむっとして席を立ち、振り向きもせず立ち去った。


スメドレーはなかなかの交際家で、魯迅をはじめ多くの中国の友人と交遊があった。日本人記者とも交際していた。彼女はゾルゲを自分の仲間に引き入れた。ある日、スメドレーはゾルゲに尋ねた。

「ゾルゲ、信頼できる日本人がいるんだけど……『朝日新聞』の記者でね。端正な顔立ちに、黒光りの髪。外見は兵隊さんのように堅いけど、心の中では戦争を憎み、軍閥に反対しているの。あなたたち二人はきっと気が合うと思うわ」

スメドレーはこの前に、尾崎にゾルゲを紹介する約束をしていた。ゾルゲの記憶では、二人はスメドレーの新しい仮住まいで引き合わされたという。ときは一九三〇年十月、ゾルゲが上海にやって来た十ヵ月後のことだ。志を同じくする二人はたちまち意気投合して、無二の親友となった。以来二年間、尾崎は日本の中国情報をゾルゲに流しつづけた。だが、当時の尾崎はまだゾルゲの本当の身分を知らず、彼が聞かされたのは、ゾルゲが「ジョンソン」と名乗る腕利きのドイツ人記者ということだけであった。

それから間もなくして、ゾルゲはスメドレーを通じて陳翰笙、王学文《ワンシュエウェン》夫妻とも知り合った。王学文はドイツ語に堪能で、学識があり、ゾルゲは彼から学ぶものが多かった。

こうして、ゾルゲは上海を中心に情報網を再組織した。詳細は次章でも紹介するが、このなかではスメドレーはつねに手引き役に徹した。なお、日本人協力者では、尾崎の手引きもあって、「上海新聞周報」記者の川合貞吉、日本新聞連合通信社上海支局員船越寿雄と水野成らがいた。

このほかドイツ共産党員のルート・ウェルナー、軍事問題に明るいエストニア人バウエル・リム、ポーランド共産党員のヨハン、無線通信士マクス・クラウゼンとその新妻アンナ、同じく無線通信士フランツも前後して、ゾルゲ情報網に加わっている。

上海巡捕房（市警察）の公文書によると、一九三〇年五月九日、ゾルゲは広州に向い、六ヵ月間滞在したとある。陳翰笙によると、この際、スメドレーも彼に同行した。ゾルゲにいわせれば、広州は港湾として華南の政治・経済・文化の中心地で、上海に次ぐ重要都市。香港に隣接しているため、監視所としての意義はかなり大きかった。

ゾルゲはスメドレーと広州の公共租界に一軒家を借りて住んだ。彼はこの地で中国共産党員の方文と出会う。教師で英語にも堪能な彼は、間もなく上海へ転居、ゾルゲの片腕として働く。ゾルゲが三年後「ヌーラン事件」のあおりでモスクワへ引き揚げるときは、方文も彼に同行した。

広州から戻ったゾルゲは、フランス租界のラペィト路（いまの興中路）に新居を見付けて移り住んだ。家賃も安く、快適な住いで、「極東ドイツ通信」によると、彼はここで次の私書箱を地元郵便局に開設している。

「リヒアルト・ゾルゲ　上海　一〇六二番」

ゾルゲは早くから、古い東方の大国——中国と、その歴史・文化に一種の親近感と憧れを持っていた。中国にくるや否や、彼は取材の名目で南京、北京、武漢、重慶、ハルビンを訪れた。また江蘇、安徽、湖北、湖南の農村にも足を運び、その行程は地球のほぼ四分の一に及んだとされる。

ゾルゲはドイツ大使館や総領事館の社交界に出入りし、南京に駐在するドイツ人軍事顧問団とも親しくし、中国駐在外国人ジャーナリストや貿易商とも交わり、列強の対中政策および国民党の政治・軍事情報の収集・偵察に全力をあげた。

ゾルゲはのちに、上海での工作について、次のように語っている。

「この種の情報を集めるのに、私は主にグループの中国人に拠った。私個人はドイツ軍事顧問団や武器密輸業者とも親しくして、彼らからも重要な情報を得ることができた」

「このほか、私は南京政府の外交政策の在り方から……彼らがいずれ英米側に随《つ》くこと……そして、米国がやがては英国に代わって太平洋の覇主におさまる、その前兆を私は当時すでに見通していた」（『獄中記』）

日本の大陸政策

一九三一年九月十八日の夜、関東軍が奉天（現在の瀋陽）郊外・柳条湖の南満州鉄道（満鉄）の線路を爆破、これを偽って「中国軍の仕業」と言い張り、北大営に駐屯する中国軍を襲撃した。

歴史にいう「九・一八事変」すなわち「満州事変」の勃発である。

数日後、ゾルゲは大きな危険を冒して、現場に向った。彼が驚いたことには、日本は奉天を襲撃すると同時に、吉林と黒竜江の両省へも軍隊を派遣、翌年二月には東北部全域を占領したことだった。極東情勢はこのため、極度に緊迫した。日本軍がソ連の辺境に向って近づきつつある事実を、彼はモスクワに向けて急いで打電した。

ルート・ウェルナーは「九・一八事変」の報に接すると、次のように書いた。

「一九三一年九月、日本人は満州に侵入しました。この種の強盗まがいの行為を正当化する強弁を、私たちは熟知しています。『人口の多い日本は生存のための空間を必要としている』と。……ある人は満州がやがて朝鮮の道を歩むにきまっているといいますが、これはつまり、ある満州中国人を『執政者』に祭り上げ、満州の独立を宣言すること、……そして（満州を）日本の植民地に変えることなのです」（『ソーニャのレポート』）

「日本人は武力でもって奉天を首府とする満州の一部を占領しました。……日本人の当面の関心は南満州を占拠することですが、いずれ北満州にも食指を伸すに決まっています。そうしますと、ソ連とも関わりを持つことになるのです。何故なら、ソ連は東支鉄道の共同経営者でもあるからです。ソ連は五ヵ年計画を達成させるためには、何としてでも戦争を阻止しなければなりません。ソ連は戦争を望んではいません。しかし、辺境への日本の進出、それは一つの危険でもあるのです」（前掲書）

出張先の奉天から上海に戻ると、ゾルゲはスメドレー、尾崎秀実と相談の上、日本人記者の川合貞吉を偵察のため東北へ向かわせた。川合は当時三〇歳を越したばかり。小柄だが落ち着きがあり、くぼんだ眼は不屈の魂を宿していた。

川合は十月末、奉天に到着。彼が上海に送った第一報は、関東軍がソ連・モンゴル国境に進出したことと日本軍部が満州に傀儡《かいらい》国家「満州国」を鳴り物入りで囃《はや》し立てていることだった。手紙は「九・一八事変」に対する白系ロシア人、回族、モンゴルなど辺境に住む少数民族の態度等にも触れていた。二通目の手紙は天津にいた元清朝皇帝の愛新覚羅《アイシンチュエロー》・溥儀《プーイー》の拉致経過を報告、ほかに数枚の新聞の切り抜きが同封されていた。

十一月二日付天津『益世報』は次のニュースを伝えた。

「日本特務機関長土肥原賢二大佐が秘密裏に天津に到着。津門に寓居する清朝の元皇帝溥儀を拉致せんと企てたと伝えられた」

十一月四日付では、こう書いている。

「土肥原の天津訪問は、日本陸軍省の指令によるものとされ、津門にて隠居せる清王朝の廃帝をかどわかして東北へ赴かせ独立政府をつくるためという」

このほか、川合は同業の武内記者を通じて、満州事変の黒幕のひとり、板垣征四郎関東軍参謀・大佐の近期東北における活動や、溥儀が関東軍の命令に服した内幕を暴いた。こうした情報はゾルゲが他の消息とを一括したあと、伝書役のアンナ・クラウゼンがハルビンのソ連領事館まで届け、そこからさらにモスクワへ転送された。

さて、川合はというと、上海に戻った後、満州（現在の中国東北部）行きを疑われ、日本の警察に身柄を拘束されてしまった。幸いにも、彼が沈着・冷静にこれに対応したため、真の目的を隠し通すことができた。ゾルゲにも尾崎にも迷惑をかけることなく、最後には証拠不十分として、釈放されたのだった。こうした情況は、のちにゾルゲとゾルゲが作った諜報組織ラムゼイ機関員たちが東京で身柄を拘束されたときの情況とすこぶる類似している。しかし、たとえゾルゲが万全を期したにしても、すべてを予め防ぐことは出来なかったであろう。諜報工作は最初から、生命にかかわる危険きわまりない仕事でもあったからだ。

一九三二年一月、日本の起こした戦争は、上海にまで飛び火し、呉松口に駐屯する一九路軍が果敢にこれに反撃した。これを目撃したルート・ウェルナーは、次のように書いた。

「彼ら（一九路軍）はほとんど政府の支持を得ていないのです。もし政府がその気にさえなれば、疾《と》うに日本人を打ち負かしているはずです。残念ですが、政府はとくに蒋介石はそうしたくないようです」（『ソーニャのレポート』）

「すべての力を反ソ反共に注ぎ込んでいる西側勢力は、生温《なまぬる》い抗議以外、日本の挑発に対していかなる措置をも講じてはいません。ソ連だけが日本に対して厳重な警告を発しました。日本の夢が北満州を占領しかつソ連の辺境を撹乱することにあるのを承知しているからです」（前掲書）

「中国人なら誰もが感情的に強い抗日意識をもっています……日本製品に対するボイコットは上海では非常に徹底していました。中国人はみんな日本の工場、建築現場と商店から去りました。中国の軍隊は金銭と将軍たちを反共産党の闘いに注ぎ込んでいるのです」（前掲書）

セミョーノフの野心

中国滞在中、ゾルゲの目に止まった要注意人物に、東北部に巣くうコザック出身のアタマン（頭領）セミョーノフをはじめとする白系ロシア人の一団があった。

一九一七年の十月革命の後、内戦と外国の干渉と飢饉を逃れて、一部のロシア人が国外に亡命した。その数二〇〇余万と言われた。この人達は俗に「白系ロシア人」と称され、革命を恐れた貴族、政治家、地主、豪商のほか、農民や無産者たちもいた。北へ向った一団は北極の港町、ムルマンスクとアルハンゲリスクを通過してフィンランドへ逃れた。南へ向った一団は、ウクライナとクリミアを通ってトルコとバルカン半島に落ちのびた。西へ向った一団は内戦の前線をくぐり抜けて、沿バルト諸国やポーランドやチェコスロバキアに向った。一九二〇年までには、ほぼ五六万の白系ロシア人がドイツに集結、のちにその多くがフランスに移住した。

東へ向った人達は約二五万で、シベリアを横断して極東にやってきた。このうち一〇万人がハルビンはじめ中国東北部に住み着いた（一九一七年前にも、すでにかなりの数のロシア人がこの地にいた）。上海、天津、青島へ向った人達、さらには朝鮮や日本へ流れ着いた人達もいた。その一部はのちに、カナダや米国、ラテン・アメリカへと向った。

これらの流浪の民は、精神的には空虚で、政治的にはこれまでと同じ思想を持ち続けていた。かたくなに反革命の立場を変えなかった人たちのなかから、一握りのファシストが現れた。アタマン・セミョーノフはそんな人間のうちの一人であった。当時、彼は日本人の庇護の下で、大連に「隠居」、配下に一万二千とも一万五千とも称する私兵を擁していた。

一九二〇、三〇年代の上海には白系ロシア人亡命者が一万余、主にフランス租界に密集していた。この数はフランス人の五倍に相当した。ここのロシア通りは有名で、「ネバ河畔の並木通り」の呼び名で親しまれていた。三〇年代末頃には、ロシア人商店街が出来た。ロシア人金満家も少なくなかった。聖ニコライ堂も聖母大聖堂も次々に建った。ロシア人はバレー学校もつくり、ロシア語の新聞も出した。シャリアピンも上海にやってきて、懐しいロシア民謡を歌った。三〇年代半ばには、移民たちのカンパでプーシキンの記念碑がロシア通りに建った。

当時、このフランス租界の霞飛路《シャーフェイルー》（いまの准海路）の一角に、ロシア式の地下バーがあった。店主はトカチェンコ大尉で、帝政ロシア時代の軍人であった。ロシア人なら、一度は足を運ぶところだ。たまたま自宅の近くにあったので、ゾルゲも足繁く通った。このバーの後方が古風な倉庫になっていたが、実際は白系ロシア人たちの「本部」があった。正面入り口にはロシア末代皇帝ニコライ二世の肖像画が飾られ、中へ入れるのは「本部」の頭目に限られた。

トカチェンコ・バーの人たちは、ゾルゲに好奇の目を向けていた。彼はここではアメリカ人記者ジョンソンの名で通っていた。会話はすべてロシア語が使われたが、ゾルゲはそれが分かることなどおくびにも出さなかった。それでもロシア人亡命者はお近付きになろうと、進んで言い寄ってくるのだった。

アタマン・セミョーノフも、ときには上海へやってきた。がっしりした体格の主で、髭面の大男だった。ある時「本部」から出てきた彼は、ゾルゲのテーブルに腰を下ろすと、頼みもしないのに、自分からロシアでボリシェビキと戦った往時の「武勇伝」を語り始めた。そして、本来なら自分が沿海地方やザ・バイカル一帯の自治政府の長に納まる手筈だったことをも、まことしやかに吹聴《ふいちょう》するのだった。その彼もゾルゲとお近付きになりたかったのだ。しかし、ゾルゲはただ黙々と聞き流すだけで、質問もせずに、ときどき肩をすぼめては、媚《こ》びるような彼の熱い眼差しに応えていた。

それでもゾルゲはセミョーノフの話から、日本軍部が時機到来すれば彼に先陣を務めさせ、次いで本隊が国境を越えてヤクーツクに向い、さらにレナ川を南進してバイカル湖周辺を占領、シベリア横断鉄道を切断すること、そしてこの計画についてブリヤート・モンゴルの王公貴族らとすでに合意に達したことなど知った。

この計画は満州事変の勃発で変更され、セミョーノフの野心は挫折した。ちなみに、セミョーノフは一九四五年八月、満州に進攻したソ連軍によって大連で逮捕・投獄され、のちにモスクワで同じ満州のロジャエフスキーら五人のファシストとともに裁判にかけられ、四六年十月絞首刑に処された。

ゾルゲとその協力者たちが収集した情報は、ほとんどがハルビン経由で、ウラジオストクに送られるか、または広州経由でまず香港、次いでモスクワに届けられた。この無線電信連絡網の立て直しは、マクス・クラウゼンの努力に負うところ大であった。彼は元ハンブルクの船乗りで、第一次大戦中は一兵卒として前線で戦った。戦後、鉄工や技師を務め上げた彼は、一九二九年中国にやってきた。三十歳であった。妻のアンナは上海のある病院の看護婦で、二人はゾルゲの仲介で結ばれたのだった。以来、クラウゼン夫妻はゾルゲにとって、生涯の良きパートナーとして、のちに日本でも一緒に働くようになる。

それぞれの帰国

一九三一年六月「ヌーラン事件」が起きた。後述するように、ヌーランはコミンテルン工作員。スパイ容疑で上海で逮捕され、国民党の裁判にかけられた。ゾルゲも全力を挙げて救出活動に奔走するが、しかしこれが原因となって彼は上海を去らねばならなかった。

ゾルゲが上海を去る四ヵ月ほど前に、尾崎秀実は任期を終え、上海から大阪に戻った。一〇年後、尾崎は獄中で昔日の上海での体験を、次のように書き残した。

「深く顧みれば、私がアグネス・スメドレー女史や、リヒアルト・ゾルゲに会ったことは私にとってまさに宿命的であつたと云ひ得られます。私のその後の狭い道を決定したのは結局これ等の人との会逅であつたからであります。これらの人々はいづれも主義に忠実で信念に厚くかつ仕事には熱心で有能でありました。もしもこれ等の人々が少しでも私心によって動き、或は我々を利用しようとするが如き態度にあったならば、少くとも私は反撥して袂を分つに至っただらうと思いますが、彼等ことにゾルゲは親切な友情に厚い同志として最後まで変ることなく、私も彼に全幅の信頼を傾けて協力することが出来たのでありました」（現代史資料『ゾルゲ事件2』）

上海でのゾルゲの諜報活動について、国家保安委員会（KGB）元高官のパーベル・スドプラートフはその著『情報機関とクレムリン』で、当年「ゾルゲが集めた情報は三〇年代を通じて相当重視された」と指摘、それはソ連が対中政策を含む極東政策を制定する際の根拠となったと記した。

スドプラートフはまた、二〇年代末上海に来た部下のエイチンゴンがゾルゲと連絡を取り合っていたことにも触れた。三〇年代初頭、エイチンゴンは米国へ渡った。ゾルゲが東京で組織した「ラムゼイ機関」の有力メンバー、宮城与徳はエイチンゴンが日本へ送り込んだという。スドプラートフによると、四〇年代初頭、エイチンゴンはスターリンの指令で、トロッキーの殺害を画策・実行に移した人物でもあった。

第四章　ルート・ウェルナーの語る上海（一九三〇〜三二）

スメドレー、ゾルゲとそのグループ

ウェルナーの生い立ち

ルート・ウェルナー（一九〇七〜二〇〇一）は現代ドイツの女流作家。主な作品に『ある少女』、『オルガ・ベナリオ』、『いくつもの峠を越えて』などがある。晩年、彼女は自叙伝『ソーニャのレポート』（"Sonjas Rapport", 一九七七、ベルリン）を執筆、初めて上海でのゾルゲとの出会いなど、二〇数年におよんだ諜報活動を明らかにし、当時の東独とソ連で絶大な反響を呼んだ。

ウェルナーはインテリの家庭に生まれた。父親のロベルト・クチンスキーは「労働者階級の利益に奉仕する」経済学者。労働運動の活動家でもあり、一九二七年にはドイツ代表団を率いてモスクワを訪れ、十月革命勝利一〇周年祝賀会に参加した。

兄のユルゲン・クチンスキー（一九〇四〜九七）はドイツ有数の社会経済学者。マルクス主義経済学を学ぶ研究者にとっては世界最高の大御所。すでに二五〇〇冊の学術研究書を発表、日本でもかなりの翻訳書が出ている。なかでも、全四〇巻から成る『資本主義下における労働者の状態の歴史』、一〇巻の『社会科学史研究』、全五巻の『ドイツ人日常生活史』は圧巻だ。

こうした事情から、彼女は若くして政治に目覚め、一六歳のときドイツ共産主義青年団、一八歳でドイツ共産党（スパルタクス）に入党。ちなみに、ルート・ウェルナーは第二次大戦後、作家として再出発した彼女のペンネーム。本名はウルスラ、別名ハンバーガー夫人、ルート・ボイルトンまたはソーニャである。

一九三〇年、二十三歳のときドイツ共産党中央と連絡を取りつつ、夫の建築家ロルフ・ハンバーガーが上海市議会に職を得たのに従って上海にやってきた。それは、彼女の言によると、「プロレタリア国際主義を履行し」、中国の戦友・同志たちとともに「封建主義、資本主義と闘うためです」と、自叙伝で書いている。上海ではハンバーガー夫人の名で親しまれていた

ウェルナーと夫のロルフは一九三〇年七月初め、ベルリンを後にした。最初の目的地は赤都モスクワ。そこから列車でウラル山脈を越え、シベリアを横断して、中国と国境を接するオトポールに到着した。前方が満州里。ここからオリエント急行で長春へ行き、長春からは南満州鉄道で港町大連へ。ここからは船でさらに数日かけて、上海の波止場に降り立ったときは、すでに七月も終りに近づいていた。この初めての上海での見聞は、彼女に強烈な印象を残した。

「船が波止場に横付けになったとき、私は搾取と貧困がこんなにもひどいのにびっくりさせられました。そこは世にも恐ろしい生き地獄だったからです。一列に並んだ荷かつぎ人夫が岸壁から船に渡した踏み板を踏んで降りてくるのです。一人ひとり痩せ細った四肢をふんばって重荷を肩に背負っていました。裸の上半身からは汗が止めどなく流れ、首やこめかみに青筋が立っていま

す。ニンニクと汗の臭気が辺りに漂い、私たち船客の鼻をプーンと突いてきました。小舟に乗った乞食たちが食べ物や金銭を恵んでもらおうと、船の周りをうろうろしています。腕や足を失った廃人もいれば、化膿しているのに手当てをしていない子供もおり、髪が一本もない禿頭の盲老人もいました」

「クーリーの生活はひどいもので、貧乏のうえ汚く、体は汗と垢にまみれていました。欧州の高慢ちきと同じように、中国の腐敗には目を覆うばかりです。シカゴのマフィアや酒のヤミ取引など、これに比べれば大した問題ではありません」

江西、湖南、湖北で大勢力を維持するコミュニスト

中国へ来る前に、ウェルナーは一度米国を訪ねたことがあった。次はドイツの両親に宛てた手紙からの抜粋である。日付は一九三〇年十月二十八～三十日。

「上海は人口三〇〇余万の都会である。外国人居住区には四万八〇〇〇人の外国人と一四〇万人の中国人が住み、このほかに一六〇万人の中国人が閘北《チャペイ》の中国人居住区にいます。外国人の内訳は、日本人が約一八〇〇〇（虹口区《ホンコウ》）、白系ロシア人（亡命者）六〇〇〇、イギリス人七五〇〇、フランス人一四〇〇、アメリカ人一八〇〇、インド人二〇〇〇、ポルトガル人一三〇〇、ドイツ人一四〇〇です。この間、私は中国についていろいろなことを教わりました。こちらのコミュニストは三つの赤い省、つまり江西《キャンシー》、湖南《フーナン》、湖北《フーペイ》で大きな勢力を維持しており、この三省を合わせ

るだけでドイツほどの大きさと人口になります。ここはすべて、中華ソビエト政府の指導下にあり、農村には共有の土地と穀倉があり、大地主などいないとのことです。この三省で活躍する赤軍は計一五万人、彼らの背後には、数百万の組織された農村と都会の住民がいるのです。

…二ヵ月前（一九三〇年八月――筆者注）蒋介石《チャンチエスー》が大規模な「掃討作戦」を展開、四ヵ月で全赤軍を徹底的に叩くと豪語して、三五万の政府軍が赤い省に向かいました。列強は当然のことながら、蒋介石を支持しています。停泊中の外国の艦船一二隻、そのほとんどが我が物顔に揚子江を行き来し、中国の艦隊と一緒になって川岸の赤軍を攻撃しています。

…次の事情は、こちらの情勢を知る上でお役に立つかと思います。つまり、南京の中央政府（蒋介石）は多くの省で、ほとんど影響がないという事実で、この国の多くの領土は、将軍たちが私的に管理し、指揮を取っている有様です。そして、どの将軍も自分たちの軍隊を持ち、将軍たちの争いは、この土地を完全に荒廃させているのです」

二三歳になったばかりのウェルナーの「私信」は、もちろんドイツ共産党中央に宛てた最初の報告と見るべきであろう。

ウェルナーとスメドレーの出会い

上海でウェルナーはアグネス・スメドレーと知り合う。故国のドイツにいた時すでにウェルナーはスメドレーの『大地の娘』を読んでいた。スメドレーの父親は無学の徒で、読み書きが全然できなかった。少女の頃の彼女は貧乏にあえぎ、どん底の生活を強いられていた。彼女は皿洗いなどアルバイトをしながら、大学を卒業した。スメドレーはインドで生活したこともあった。

ウェルナーには思いがけない出会いが一度ある。一九二九年頃のこと。この年、ドイツ共産党がポツダム広場で図書の展示・即売会を行った。ウェルナーは本の売り子だった。ある日、二人のインド人が彼女のコーナーにやってきた。ウェルナーは二人に『大地の娘』の本をすすめ、ついでに作家の生い立ちや学生生活、最後に彼女がインド人と結婚したのちに離婚したことをも紹介した。すると、年取った方のインド人が彼女に言った。

「その通り。わたしがそのインド人だ」

ウェルナーは図らずも、インド革命運動の指導者ウィロンドラシ・チョットパダーイに出会ったのだ。スメドレーはベルリンで彼と知り合ったという。

ウェルナーは早くから、スメドレーと会いたがっていた。そこで、彼女より先に上海に赴任して来たあるドイツ人の友がその橋渡しをしてくれて、二人が次の日に会えるようにした。ウェルナーは電話でスメドレーにこう自己紹介をしている。

「二十三歳、身長は一メートルと七〇センチ、黒髪、獅子鼻」

ウェルナーのユーモラスな自己紹介に、スメドレーは大笑いし、彼女に倣《なら》って言った。

「三四歳、背丈中等、これといった特長なし」

この記念すべき日が一九三〇年十一月六日で、ちょうど十月革命記念日の前夜に当たることを、ウェルナーは記憶に留めていた。

二人は十一月七日、上海外灘のキャセイホテルのロビーで落ち合った。若いウェルナーはスメドレーとの初対面を、次のように記している。

「スメドレーは聡明で利発な女工さんといった感じの人でした。飾りけのない簡潔な着こなし、薄い茶色の髪、輝きのある大きな灰色の目、決して可愛らしいとは言えないが端正な容貌。髪を後ろになでつけるときに見える大きな丸い額。ここ上海での彼女の生活は生易しいものではないようです。欧州の人たちは彼女を敬遠しています。なぜなら、スメドレーは彼らを大きく傷付けたからです」

記者の職業・本能からなのだろう、スメドレーは初対面の人でもすぐ根掘り葉掘り尋ねた。それでウェルナーは彼女の考えを知ることができ、すぐに好意をいだいた。「最初に会ったときから、自分の世界観を洗い浚《ざら》いお話しました」という。いらい、二人は「分け隔てのない親密な友」として、「一日も顔を合わせない日はありませんでした」

スメドレーは「独身女性」。革命歴があり、「強い個性の持ち主」。彼女は共産党に同情し、自分のペンで「中国人民の味方」になったのです。

スメドレーはユーモアに富む人で、ときには物思いに浸り、塞ぎ込むこともあった。こんなとき、ウェルナーは彼女の影のように付き添った。

「彼女は寂しくなると、きまって私の家に立ち寄りました。気の滅入るようなときは、夜中の三時でも電話を掛けてきますし、私はその都度、彼女のもとへ駆け付けました」

スメドレーは普通親切で思い遣りがあったが、ときには反目することもあった。

「私たちの間で争いごとがあったりしたとき、彼女は怒って出て行きます。しかし、数時間後には、彼女は何事もなかったかのように電話をしてくるのです。そしてこれまで同様に親切に声をかけてくれますし、私も嬉しくてほっとするのでした」

ある日、スメドレーは自分の立場を彼女にこう告げている。

「私の人生観と実践があなたたちと一致したとしても、あなたたちの党規律に服することは私にとって我慢ができないのです」

ウェルナーはほんとに心からスメドレーを尊敬していた。

「私の生涯で、彼女ほど大きな影響を私に与えた人はほかにいませんでした」

ある日、スメドレーが「完全に信頼できるコミュニスト」が一人いるが、ウェルナーにその人に会ってみる気があるかどうか、尋ねた。彼女から同意を取り付けたその数日後、このコミュニストがウェルナーの家を訪ねてきた。ほかならぬリヒアルト・ゾルゲその人であった。

「私が彼と会ったとき、スメドレーはいませんでした。私一人でした。一九三〇年十一月だったと記憶しております。彼は当年三十五歳。とても魅力的で男らしく立派でした。鼻筋の通った面長の上品な顔立ち、頭髪が濃く縮れていて、年に似合わず顔は皺が寄っていました。きれいな青い眼は色濃い睫毛《まつげ》で囲われ、口は形よくへの字に締まっていました」

ゾルゲはまず、ウェルナーがほんとに中国の友人を助ける仕事をやる気でいるのかどうかを尋ねた。この仕事は危険を伴う、ともいった。そして彼女に慌てず慎重に考えるようすすめた。

「危険を冒してまで、この種の仕事を手懸けて国際主義を履行する決心がほんとうにあるのか聞かれて、私は内心悔しかった。覚悟はすでにできていたからです。また何故彼がこのような危険を冒すのか、当時の私には理解できませんでした。何故なら、万が一にも、私がノーと答えて引き下がったとしたら、それはもはや個人の問題ではなくなるからです。私が曲がりなりにもこの種の危険に敢えて挑戦する用意のある意思を示した後、ゾルゲはなお半時間ほど沈黙した後、私の家を秘密のアジトとして、中国の同志と連絡したり、会議をもつ場にすることについて詳細な相談をしました。私の任務は部屋を提供するだけで、話し合いには参加しないという条件でした。

それからしばらくたってから、この種の会合がもたれました。会合はゾルゲが主催し、一九三二年の末まで続きました」

それから、間もなく秘密保持の関係上、ウェルナー一家は一九三一年四月一日、ゾルゲの提案でフランス租界の霞飛路一四六四号へ引越した。ここはのちに一六七六号に改められた。

ウェルナーの居宅でゾルゲの同志たちが密会

ある日、ゾルゲはコミンテルン（共産主義インタナショナル）からの通知が届いたことをウェルナーに伝えた。彼女の仕事についての通達で、ウェルナーがコミンテルン関係の仕事に就くのを歓迎するという内容のものだった。ゾルゲはまた彼女に、コミンテルンの配下に入るか、それとも彼のグループに残るかの二つの選択があるとも言った。彼は自分らのやっている諜報活動からすれば、彼女が仕事を変えて去るのはマイナスであるが、しかし、最終決定は自分でするように、促した。ウェルナーはゾルゲの身辺に留まり、彼のグループに参加することに決めた。彼女は自分の所属がソ連赤軍総参謀本部の諜報部門であることを知ったのはずっと後のことだった。

ゾルゲとその同志たちは週一回、午後の時間にウェルナーの家に集まった。参加者はゾルゲのほか、決まって二、三人の中国人の同志がいた。陳翰笙、王学文らである。ときにはヨーロッパ人も一、二人やってきた。彼らは一人ずつ、目立たないように、間隔を置いて現れ、帰るときもそうだった。最後に出ていくのは、いつもゾルゲだった。彼は決まってウェルナーと半時間近く話し込むのであった。

このほか、ゾルゲは資料を持ってきて、彼女に写させた。そのなかには中国地理や農業関係、市場調査の機密文書があった。ある時はタイプした三五〇ページにもなる、分厚い中国経済状況についての書類を持ってきたこともあった。

「このほか、ヨーロッパ人の社会生活では付き物だが、お互いに行き来するなかで、これぞといって多くを説明する必要もないようなこともあった」

ウェルナーにとっては、仲間のなかで、ゾルゲは「あなた《ジー》」の尊称ではなく「君《ドゥー》」で呼びあえる唯一の友だったのだ。仲間の人以外は誰も知らないことだが、この二年間、ゾルゲは彼女の家へ少なくとも八〇回は通ってきた。

李徳《リートオ》は中国ではよく知られている。中国労農赤軍の顧問を務めた人だ。彼のドイツ名はオットー・ブラウン、『ゾルゲ博士の東京通信』の著者。著書のなかで彼はゾルゲが時たま非常に感傷的になることがあると書いているが、ウェルナーはこれに反発している。

「私がようやく彼を知るようになった後のことですが、私も偶然、彼がセンチメンタルになったように感じたことがありました。だが、それは体の物理的な痛みからくるものかも知れません。ご存知のように、彼は第一次世界大戦で負傷しているのです。確かに、彼は時折、平常のように活気にあふれ、ユーモラスたっぷりで辛辣《しんらつ》な皮肉も言わず、妙に黙り込みがちで塞ぎ込んでいるように見受けます。しかしそれは矢張り、あの傷が原因ではないかと思います」

ウェルナーは若いわりに性格が強く、抱負があるというだけではない。彼女は大胆だが、同時に細心でもあり、生活を観察するなかから、自分に有益な養分を汲み取る能力のある女性でもあった。彼女は高度な政治性が地下工作者にとって欠かせない必須条件であることを知っていた。

「ゾルゲは一度も私に秘密工作の規則や理論を教えてはくれませんでした。同志たちの生命を守るためには、他人の経験から学ぶ必要もあるのです。しかし、責任感はいの一番に大切なことです。他人と自分の安全に思いを至すとき、人は決まって適当な行動を取ることができます。当然のこととして、昼間にしろ晩方にしろ、私は我が家があるいは私自身が監視されているかどうかを注意深く観察します。同志たちが集まりまた散った後、私は人知れず町の動静を伺います。このほか、誰も教えてはくれませんでしたが、私はできるだけ多くの上流社会の客をも呼ぶようにして、地下工作者の出入りが目立たないように腐心しました」

ウェルナーは若いわりによく気の利く人だった。あるとき無心にゾルゲと言葉を交わしていたとき、ウェルナーはゾルゲが彼女と友人たちとの談話に興味を持っていることを知った。そこでゾルゲの同意を得て、彼女は意識的に弁護士や商人や学者を招待し、ゾルゲの表情から彼にとって何が重要であり何が重要でないかをも観察した。

「私は彼の一挙手一投足から、知らず識らずの内に自分を御する習慣を身に付けたのです。彼が重要と思うようなことは、私は習慣的に他人との話をその方に持っていくように努めました。たとえ彼が黙っていても、それが有用なものであることを、私は知ったのです。いまになって、私たちの組織・機関がどんなものであるかを、私は知り尽くしたといえるでしょう。重要な情報を私は提供できないかも知りません。彼には他にも多くのルートがあるはずです。しかし、話し相手の性格や行為に対する私の評価は、あるいは経済や政治問題に対する評価の糸口や裏付けになり得るものかも知れないのです」

「私は自分がこのようなすぐれたコミュニストたちの間で仕事ができるのを幸せに思い、誇りにしていました。…彼らの手本から、私は多くを学びました。もっともそれは彼らが意識的に私に教えたものではないのです。こうして、秘密行動は私は第二の天性にもなったのです」

ウェルナーはゾルゲから物入れ箱を一つ預かっていた。「中には印刷物や手書きの資料などが入っていて」、会議のつど取り出すのだった。秘密の無線機もあった。

同志たちが集まるとき、ウェルナーの仕事は見張りとお茶を届けることであった。ある時、彼女は意外なことを発見した。

「二回目にお茶を持って二階へ上がっていったとき、同志たちはみんなピストルを手にしているのです。カーペットの上の箱にも武器が入っていました。私はゾルゲとバウエルの様子から、こんなときに私が入ってきて欲しくないのを察しましたが、それでも私はとても嬉しかった」

「書類だけではなく、武器も入っていたのです。私はこの瞬間、自分が想像していた以上に有用な存在であることを知りました。これまで私は自分の仕事がつまらない、無意味なものとして悩んでもいたからです。…これらの武器はおそらく見本で、ソ連がそれに関心があるのか（蔣介石の軍隊にはドイツの将軍が顧問をしていたのです）、あるいは中国の赤軍がそれを必要としているのかは、私には分かりません。またその場に居合わせた二人の中国人の同志が、武器の分解・組み立てを習っていたのかも知りません」

ウェルナーには上海時代、一つ年下の友人がいた。エレーネ・ワデマイヤー、またの名をイーサ。彼女はウエルナーと同じドイツ人女性で、ゾルゲグループとは別個の系統のコミンテルン関係者。蘇州河沿いの時代精神書店の店主を隠れ蓑《みの》に活動。その店には進歩的な人たちがよく出入りしていた。尾崎秀実はここで、ワデマイヤー夫人からスメドレーを紹介されたという。

「ある日、一人の若い女性が数箱の書物を携えてやってきました。彼女はここでドイツ語、英語、フランス語など進歩的な読み物を扱う小さな本屋を開きました。彼女は以前、ベルリンの本屋の売り子だったそうです。…ここの客は主に大学生でした。彼女は今年やっと二十三歳になったばかりで、若い女性にはこれはなかなか勇気のいる仕事です。残念なのは、彼女が余り本の売り方を知らなかったことで、私の助けを必要としていたのです」（一九三一年三月二十四日ベルリン宛私信）

この二人は姉妹のような仲であった。

「ワデイマイヤーは私より私心がなく、働き者です。しかし、仕事をてきぱきやる点では、私の方が速く、アイデアも多かったのは事実です」

ケーテ・コルビッツの版画展示会を書店でやったのは、ウェルナーのアイデアだった。ワイデマイヤーは二〇年代中頃、ベルリンで中国人の呉照高と結婚、一九二六年にはモスクワへ向った。二人は間もなく、二歳になる娘を残して上海にやって来た。のちに中国人の夫はトロツキストのグループに参加、これが原因で二人は分かれたという。

ウェルナーの語る尾崎とグループの仲間

仕事の関係で、ウェルナーは尾崎秀実とも接触している。

「私は彼とはよく会いました。どういう理由で彼と会ったかは、もう記憶にありません。その人間像については、ゾルゲ関係の書物のなかで沢山語られており、それ以上補足することもありません。同じ地下工作者として、私は彼と密接な関係にありました。彼は肌身離さず娘の写真を持ち歩き、私にも見せてくれました。恐ろしかったのは、それから数年後、私は彼が処刑寸前に撮ったという写真を見たときでした」

ウェルナーは引き続き、グループの一人ひとりを人間味ある暖かな筆致で書いている。クラウゼンはゾルゲグループの一人で、無線技師、のちに東京へ向かい、ゾルゲの協力者として名をなした。バウエルは全名リム・バウエル（カール・リム、またの名をクラウス・ゼールマンといい、ゾルゲの代理人であった）といい、ゾルゲの助手を務めた。大きい図体の主で、ほとんど禿げかかった丸い頭に、小さいが敏捷な目と穏やかな笑顔が印象的。見かけに似合わず気持ちの大きな人で、革命を志す人間として気力と情熱を内に秘めていた。エストニアの農業労働者の家庭に生れ、十月革命時の赤衛隊員、国内戦時代の赤軍政治委員（コミサール）。フルンゼ名称軍事アカデミーを卒業、のち将軍に昇任した。妻のルイーズはラトビア出身の豊満な肉体の持ち主。ゾルゲ・グループでは暗号文の解読を担当していた。

フランツも無線技師。「さほど背丈はないが、がっしりした体格の主」。クラウゼンと同じく船乗りで、伝書使をつとめたことがあった。

ポーランド人のヨハンは、別名グリーシャといい、二十数歳。濃い縮れ髪を片方に梳《す》いたヘアスタイル、それに美しい額、やや出っ張った顴骨《かんこつ》と黒い瞳。彼は自分については余り語らず、真面目で、唯黙々と働くタイプの若者。クラウゼンやフランツよりは複雑で老けて見えた。ウェルナーがグリーシャの素性を知ったのは大分後のこと。両親は彼が上海におり、革命に携わっていることなど、全然知らないという。グリーシャの表向きの職業はカメラ屋。写真の焼付をしたが、実際はグループのカメラマン。情報書類をマイクロフィルムに納めるのが、本職だった。

このほか、中国の同志も数人―陳翰笙と王学文については別章に譲るとして、同志韓、『戦争と平和』の中国語訳を手掛けた董秋斯《トウンチユースー》、蔡咏裳《ツアイユンサン》（女性）らがいた。この女性について、ウェルナーはとっくに紙面を割いている。

「ゾルゲの仲間に、おとなしい若い中国人女性が一人いました。髪は短くカットし、顔は色白でした。聞くところでは、かなり有名な家庭に生まれ、父親は国民党の将官クラスだそうです。その彼女が貧しい共産党員と結婚すると言い出したとき、父親は彼女を勘当したそうです。彼女は聡明だけではなく、勇気もある人だったのです。そんな彼女をゾルゲは時折、私の家へも連れてきました。私はおとなしい彼女がとくに好きでした」

ウェルナーは秘密集会の場所を提供したり、機密文書だけではなく、武器を隠匿したりしていたが、これらすべてを夫のロルフには告げていたわけではなかった。しかし、かといってロルフが革命運動に同情的（シンパシー）で無かったというわけでは決してない。

ある日、生命の危険にさらされている中国の同志を保護するよう、ゾルゲから依頼されたことがあった。これまではロルフには隠し通せても、今回だけはそれができなかった。短期間とはいえ、中国人がウェルナーの家に泊るからだ。果して、彼女の心配していたことが起こった。それが子供たちにとっても彼女自身にとっても大きな危険だ、とロルフが反対したのだ。しかし、ウェルナーは頑として譲らなかった。もしも彼の頑《かたくな》な態度が一人の同志を犠牲にしたり、一時匿《かくま》うことさえもできないというのなら、ウェルナーは永遠に彼を許さなかっただろう。ロルフも最後には同意はしたが、二人とも心にしこりが残った。もっともロルフはのちに闘争の隊列に加わるのだが…。

中国の同志はウェルナーの家に二週間ほど泊った。彼は片言の英語も話せなかった。彼女の家に客が来たとき、階上から音が聞こえないように、彼はベッドに横になっていた。ウェルナーがどのように家の保母やコックに「客」の来訪を説明したか、彼女もいまでは記憶にないという。「この間、言葉が通じず交流できなかったとはいえ、ロルフも親切に客をもてなした。中国の同志は間もなくここから去ったが、ウェルナーは彼のほんとうの名前も聞かされず、ゾルゲも彼女には教えなかった」

ウェルナーは上海で多くの友を得た。そのなかには宋慶齢《スウンチンリン》（一八九〇〜一九八一）、魯迅、丁玲《ティンリン》（一九〇四〜八六）らもいた。魯迅は一九三一年の日記に三度「ハンバーガー夫人」との交際について記しているが、この夫人がほかならぬウェルナーその人であった。

「私はよく魯迅家を訪れました。彼は当時、ひじょうに若い妻と息子と一緒に暮していました。魯迅は一八八一年に生まれ、中国のゴーリキーとまで称された作家です。ゴーリキーと同様に、魯迅も普通の人を小説の主人公に選び、素朴な民衆の尊厳と苦しみを作品に描きました。…一家は非常に質素な生活をしておりました。あるとき、三歳になったばかりの坊やの土産にと、車を押すと木のアヒルがパタパタする遊具を持っていって手渡したことがありました。魯迅は『ほんとうによく出来ている』といって大変よろこんでくれました。彼がコルビッツの版画集の出版を企画した際、私は版画を集める手助けをしてやりました。版画集が出来上がったとき、魯迅は心のこもった温かい献辞を添えて私にも一冊プレゼントしてくれました。私はコルビッツを高く評価していましたし、さらに魯迅に対しても大変尊敬していましたので、この贈り物は二重に貴重なものでした。残念ながらこの版画集はのちの相継ぐ戦乱の中で散失しました」

コミンテルン仲間が逮捕された「ヌーラン事件」

上海での二年間、ウェルナーにも悩みの種と遺憾に思うことがあった。

一九三一年六月のことだ。中国で働いていた二人のコミンテルンの仲間が、上海市の共同租界警察に、いわゆる「国際スパイ」容疑で逮捕されたのだ。その後、二人は当時、中共特科の責任者顧順章の寝返りで身元を暴露され、国民党当局に身柄を引き渡された。世に言う「ヌーラン事件」である。

二人は、汎太平洋労働組合書記局書記、スイス国籍ヌーレンス・ルエッグ夫妻と名乗ったが、実は、ヌーランは彼の仮名の一つで、本名はヤコブ・マトビエビチ・ルドニック。一八九四年、ウクライナの労働者の家庭に生まれる。十月革命の際、臨時政府の蟄居《ちっきょ》する「冬の宮殿」に向った部隊の陣頭指揮を取った五人のうちの一人。夫人はタチアナ・ニコラエワ・モイセーエンカ。一九一七年入党のボリシェビキだった。

ウェルナーはヌーラン夫婦と顔見知りではなかったが、他の同志たち同様彼らの運命を気遣っていた。二人は国民党の裁判に掛けられ、死刑を宣告された。詳細は後に記すが、ゾルゲの裏工作が功を奏して、彼らはのちに無期懲役に減刑され、監獄から国外に逃れた。

ヌーラン夫婦には五歳になる子供ジェミ（ドミトリー）がいた。ある日、スメドレーが土産物を沢山持ってジェミの見舞いに行った。ウェルナーは「王子様のように彼を扱うのは間違い」として、自分のこの考えをスメドレーに告げた。これがスメドレーの怒りを買ったようだ。

ウェルナーは自分の元に、ジェミを引き取ることをも考えた。そうすれば、彼女の子に兄が一人できることになる。しかし、ゾルゲは賛成しなかった。それでは余りにも目立ち過ぎて、地下活動には不利だというのだ。ウェルナーは止む無く断念した。

しばらくして、ウェルナーとスメドレーは、連れだって旅行に出かけた。ある日、二人は旅先で、ヌーラン夫妻が監獄でハンガーストライキに入ったことを知った。昼飯時に、スメドレーは突然、食欲がないと大声を出した。ウェルナーは回想する。

「私はそのとき、多分、よそよそしい態度を取って、彼女がそのように同情したってヌーラン夫妻が助かるわけがないとでも言ったせいでしょう。スメドレーはつっと椅子から立ち上がって、外へ出て行ってしまいました。しかたなくその後、私は一人で散歩に出掛けました。帰ってくる

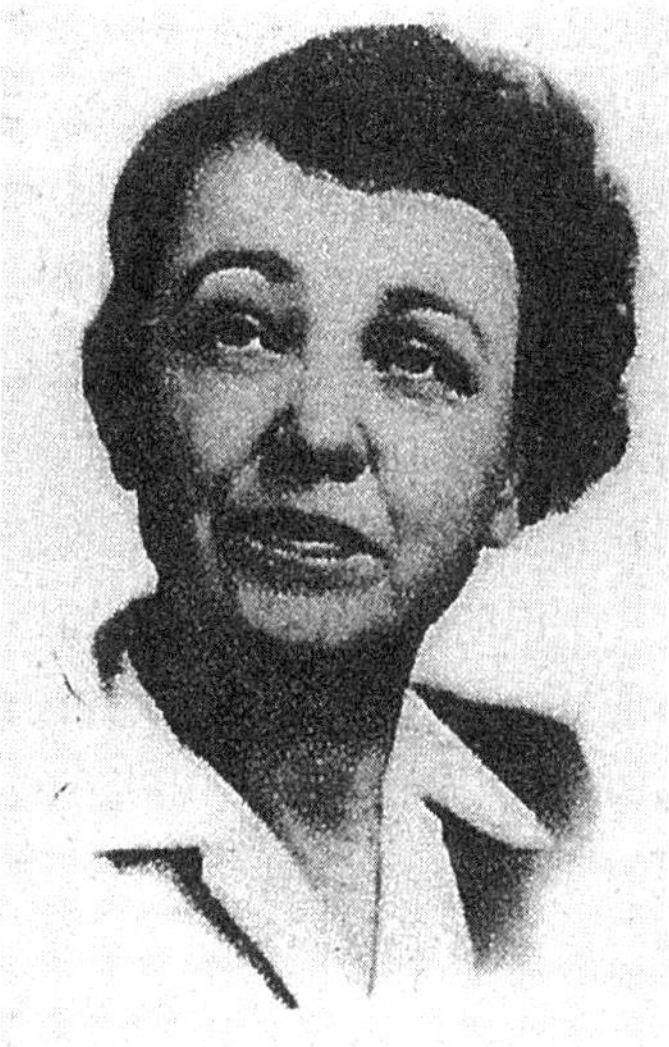
スメドレー

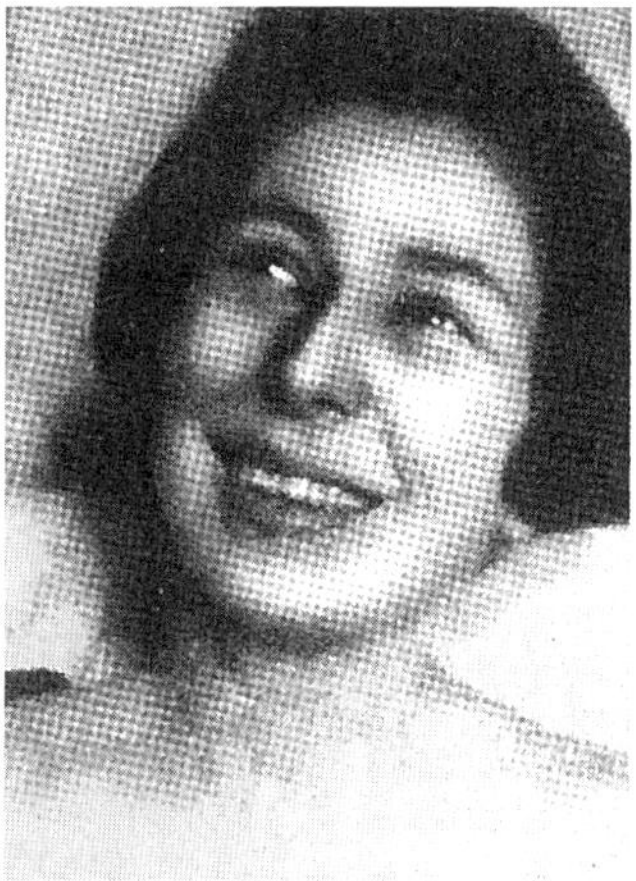
若き日のウェルナー

上海時代のマクス・クラウゼン

アンナ・クラウゼン

と、彼女の置き手紙がありました。そこにはこう書かれていました。『こんな気分では、私は引き続きここに留まり、旅情に浸っていることなんてできません。上海に戻ります』と。そして、私が過分に私的な幸福を求めて、家庭生活を重んじ、私事が頭の中で占める比重が多過ぎる、今まで革命的と買いかぶっていた、見損なった、と書き連ねてありました。」

「私はこの手紙の内容を理解できなくて、大変苦しみました。スメドレーは私のことを心底分かってくれているはずでした。私がチャンスさえあれば、危険や冒険を厭わず、収監されている二人の同志を救出する決心でいることぐらいは知っているはずです」

「私が理解しようとしたのは、あのように堅かった友情が、どうしてかくも脆く崩れ去ったかということでした。私は自分にも尋ねました。どうして私はこのような印象をスメドレーに与えたのか?あるいはまた彼女の指摘にも正しいところがあるのではないか…」

「当時、逮捕云々は、私自身にとっても常に現実の問題でした。それに備えて、私は身体を鍛えてきたのです。それまでとは生活を変えて、タバコを手にせず、コーヒーを飲まず、酒をたしなまずにいたのも、万が一拘留されたときに、この種の嗜好を断っておけば苦しまずにすむからです」

「私たちの友情がこのような形で突然失われたことは、私にとって大きな打撃でした。この友情は私の生活のなかの大切な部分であったからです。おそらく、スメドレーにとってもそれは同じでしたでしょう」

二人はその後上海で偶然会っても、昔のように打ち解けた関係には戻りませんでした。スメドレーのウェルナーに対する見方は頑《かたく》なで、ウェルナーもこれを感じていました。

ある日、ウェルナーは自分のこの悩みを、ゾルゲに打ち明けた。

「ゾルゲはこれを女同士の口論として、相手にしてくれませんでした。でも、これは私にとって大切なことだったのです。もしもゾルゲまでもが私に対する信頼をよせなくなったとしたら、私は我慢できなかったに違いありません。概して、私の尊敬する人なら誰でも、無下《むげ》にされたらば、私の自意識を強烈によび醒まさずにはいられないからです」

突然ゾルゲから別れの電話が……

いま一つ、ウェルナーが終生悔やんだことがあった。それは――。

一九三二年十二月中頃、カメラ屋を経営する仲間のグリーシャから電話が入り、ゾルゲがウェルナーに会いたがっていることを伝え、約束を取り付けた。彼女はてっきり自分が出掛ける前に、今一度電話があるものと思い込んでいた。しかし、グリーシャからの再度の電話はなく、彼女は約束の時間に出掛けなかった。後になって判明したことだが、グリーシャは万が一のことがあった場合にだけ、電話をすると言っただけだった。よくある誤解の一つで、二人とも勘違いしていたのだ。

その日の夕方遅く、ウェルナーが夫のロルフと一緒に来客の接待に当たっていたとき、電話のベルが鳴った。彼女が急いで受話器を取り上げると、ゾルゲからの電話だった。ゾルゲは丸二時間彼女を待ち続けたこと。そして、別れの言葉として、ここ二年間彼女が与えられた任務を立派に果したが、それはほんの手始めでしかなく、今後とも引き続き頑張るよう励ましたのであった。「だが、今はしばしの別れ。お元気で。また会える日まで！」電話はこれで切れた。

突如として起こったこの出来事に、ウェルナーは茫然とした。この時になって彼女は初めて、ゾルゲが自分にとってなくてはならぬ存在であることを知った。

「これまでの私はどのようにして自分を欺《あざむ》いてきたのだろう？彼なくしては生きても行けないのでは？…他の仲間たちとはその後も巡り合えたのに…運命のいたずらからか、ゾルゲとは二度と会うことがなかったのです」

一九三三年、ウェルナーもモスクワに呼び戻され、二人の赤軍将校が彼女を出迎えた。「二人は私をロシア名のソーニャと呼んだのです。彼らとの対話から、私はそれが、ゾルゲが自分に付けた別名であることを知りました。このためでしょう、私はソーニャがとても好きになり、間もなくこの名で呼ばれるのにすっかり慣れました」。ウェルナーの回想録『ソーニャのレポート』は、この名に由来する。

モスクワでも、ウェルナーはゾルゲに会うことがなかった。彼は日本へ向った後だったからだ。運命とは不思議なものだ。ある日、ウェルナーは宿泊先のホテル「モスクワ」で、エレベーターが降りてくるのを待っていた。と突然、後ろから彼女の肩をポンと叩く人がいた。ウェルナーが振り返ると、なんとその人はスメドレーだった。

「彼女は私がソ連に来ていることを知らなかったし、私も彼女の近況を知らずじまいだったのです。久し振りに、私たちはひしと抱き合いました。その瞬間、過去のしこりが全部とけてしまったかのようでした。モスクワ滞在のこの数カ月間、私たちは昔のようにいつも一緒でした。ほんとうに彼女のおかげで、私の生活もいっそう多彩でかつ実りあるものになりました」

一九三四年二月以降、ウェルナーは中国の奉天（現在の瀋陽）と北京でなお二年間、三五年以降はポーランド、スイス、英国でソ連赤軍の情報活動に従事した。二〇数年の長きに及んだ困難かつ複雑な闘いのただなかにあって、それが中国であるにしろ、欧州であるにしろ、ウェルナーは一度として失敗したことがなかった。彼女の無線発信機も発見されることがなかった。彼女はつねに自分の知恵と力であらゆる困難を乗り切り、任務を立派に成し遂げて一九三七年と一九六九年に「赤旗勲章」を二度授与された。

中国を離れて半世紀も経った一九八七年、ウェルナーは東ドイツの古参戦士代表団の一人として新中国を訪れ、かつての活動場所を見て回った。上海では、彼女はかつての戦友陳翰笙に付き添われて、霞飛路の旧居も尋ねた。ゾルゲが中国の同志たちと語り合った思い出の部屋に立ったときは、さすがのウェルナーも溢れる涙を抑えることができなかった。

「ここは、私がリヒアルト・ゾルゲと会ったところです。…彼は私の恩師、学ぶべき手本でもあったのです」

ウェルナーにとって唯一の心残りは、戦友の董秋斯、蔡咏裳が文化大革命（一九六六―七六）の最中に亡くなり、王学文も一九八五年に他界、会えずじまいになったことだ。

一九九八年十二月、ウェルナーの回想記『ソーニャのレポート』の中国版（張黎訳）が北京・解放軍文芸出版社より出版された。巻頭の『中国の読者への手紙』の最後を、彼女は次の言葉で結んでいる。

「中国人民が私たちの目標――平和、すなわち誰にも仕事があり、誰もが教養のあるかつ人間らしく生活できる世界をつくるために奮闘するなかで、成果を治められることを心から願って止みません」

ウェルナーは「ベルリンの壁」崩壊後の二〇〇〇年七月、ベルリンで死去した。九十四歳であった。

第五章　周恩来とゾルゲの秘密会見

周恩来が中共中央特科を創設

二〇世紀の一九二〇年代末から三〇年代初頭にかけて、中国革命はひとつの転換期を迎えていた。孫文《スウンウエン》とコミンテルン（共産主義インタナショナル）の肝煎りで始まった第一次国共合作（一九二四―二七）が、蔣介石の「四・一二」反共クーデターで失敗、共産党は多大な犠牲を余儀なくされて地下に潜行し、広大な農村に依拠する土地革命と武装割拠の時期を迎えつつあった。

一九二七年八月一日、周恩来《ツォウエンライ》らの率いる南昌蜂起が勃発、武力によって蔣介石に刃向かう「一発目の銃声」が放たれた。共産党の指導する人民の軍隊は、この闘いの中から生まれたのだ。しかし、この蜂起にはひとつの欠点があった。それは、周恩来がのちに言うように、「当時の武装暴動の思想は、すぐさま農村へ深く入り、土地革命をやり、農民を武装するものではまだなかった」。「それは国民革命左派政府の旗印を使って、広東へ南下し、外部の援助に頼り、大都市を攻めようとした」（『中国共産党小史』）のだ。南昌蜂起後六日目、中共中央は武漢から上海に移り、上海を足場に全国の革命運動の指導を続けた。同年十一月、周恩来は党中央直々の指令で、香港を経て上海に到着、中央政治局常務委員兼軍事書記（のち常務委員会秘書長、組織部長をも兼任）として、党中央での主要な仕事の責任を担ったのである。

一九三〇年一月、ゾルゲが中国にやってきたとき、周恩来はすでにこの任にあること丸二年。白色テロの横行するこの上海で、敵の弾圧に抗して自己の生存を計るべく、周恩来が最初に取り組んだ仕事のひとつが、中共中央特科（中央の防衛機関）―中国式「チェカー」（ロシア十月革命後創立された「反革命・サボタージュおよび投機取締非常委員会」の略称。初代長官はジェルジンスキー）の設置。つまり「以其人之道、還治其人之身」（相手の遣り口にならって、仕返しをする）原則に立った革命のための情報活動の展開と、その組織づくりだった。そのためには、なによりもまず敵陣営内の情報を収集・掌握せねばならなかった。中央特科とゾルゲ機関が持ちつ持たれつ、常に密接な関係にあったのは当然のことであった。

この間、周恩来は二回、モスクワを訪ねている。一回目は一九二八年五月から十月までで、モスクワで開催された中国共産党第六回大会に参加するためだった。このとき、周恩来はスターリン、ブハーリンと中国革命の性格付けなどについて論議を重ねている。二回目の訪ソは一九三〇年三月から八月までで、コミンテルンに中共内部の事情を報告するためだった。周恩来は再度招かれて、ソ連共産党第十六回大会に列席、『中国革命の高潮と中国共産党』と題する報告を行なった。この際、彼がコミンテルンやソ連の情報機関と接触、打ち合せをすることなども十分に考えられることである。

こうした経緯からして、周恩来がゾルゲ機関を含むコミンテルンの中国、とくに上海での活動には詳しく、彼らはつねに周の視野の内にあったと言っても過言ではない。

一九二九年の春から夏にかけて、コミンテルンの指令で、ドイツ人アイスラー（ドイツ共産党元政治局員）とポーランド人レンスキーの二人が相前後して上海に到着、一度は閉鎖した極東ビュローを復活させ、中国の党や極東その他の国の共産党組織との連絡などの任に当った。コミンテルン東方ビュロー副部長ミフは、一九三〇年十月から三一年四月の間、極東ビュローの指導者でもあった。中共の六期四中総は、直接、彼の指揮のもとで開催された実り少ない総会であった。

この極東ビュローは、その翼下に三つの互いに独立した部門を置いていた。つまり、政治部（コミンテルン指示の伝達など）、組織部（機関の設置、人員の割当など）と軍事顧問処がそれである。一九三三年、中共のソビエト区に向った軍事顧問のオットー・ブラウン（中国名李徳）はこの処に属していた。コミンテルンの出先機関として、極東ビューローと配下の三機関は中国の党の指導部とその直属機関と密接な関係にあり、定期的に会合を持ち、また横との連絡も途絶えることがなかった。なおかつ、コミンテルンの希望・要求で、中国共産党は自党のメンバーをコミンテルンやソ連赤軍の情報機関に派遣、活動をともにしていた。

ゾルゲが作った中国情報網

ゾルゲが中国国内に作り上げた情報網は、中国側の記録（『中国におけるゾルゲ』）によれば、一〇〇人近くになり、大きく分けて二つのグループ、すなわち国際組と中国組があった。国際組は、先にも記したように、モスクワから送り込まれた人たちと日本人協力者で構成、中国組はほぼ中国人一色で、中国の党員が多かった。前者については、これまでも多くが語られ、語り尽くされた感が無くもないが、後者については全くといっていいほど、知られていないのが現状だ。もっとも秘密機関のことゆえ、時の経過を待つ必要もあったであろうが……。

近年、時間の推移とともに、中国でも、少しずつではあるが、この中国組も水面に浮上、歴史本来の姿を還元する上で大きな意味がある。とくに三〇年代初頭、ゾルゲと秘密裏に会った周恩来のことや、ゾルゲ機関と中共中央特科およびその指導者のひとり潘漢年《パンハンネン》との接触などは、内外の大きな関心を呼び、注目された。

日本のゾルゲ事件研究者のひとり、加藤哲郎一橋大学大学院教授（政治学）がいうように、「ゾルゲが中国で何をしていたのか、中国側の資料が未公開でほとんど明らかになっていない。それだけに、周恩来との接触が記述された中国共産党元工作員の回想録は貴重な証言であり、驚きだ。……ゾルゲがその後、中国から日本になぜやってきたのかを研究する上でも、上海での活動実態を解明することが重要だ」とは、もっともな指摘である。また時事通信の林誼考《りんいこう》北京特派員が二〇〇八年五月八日、ゾルゲと周恩来との秘密会見を記事にしたが、それが日本国内にとどまらず、翌日には米国のロサンゼルスにまでニュースが流れていたことは、なかなか興味深い話である。

ここでは、二人の工作員、張文秋《ツァンウェンチュウ》（女性）と方文の思い出を基に、これまで公開されることのなかった「公文書」を紐解いていきたい。

まずは張文秋著『毛沢東の親族　張文秋回想録』を取り上げることにする。彼女は又の名を張一萍と言い、古参党員であった。当時、党中央機関の連絡員（交通員）として、周恩来の指導のもと、上海で地下工作に携わっていた。

周恩来がゾルゲを引き合わせる

一九三一年九月十八日の深夜、中国の運命に関わる大事件が発生した。不平等条約によって中国東北に駐留していた日本の関東軍が奉天（現在の瀋陽）と北大営の中国軍に攻撃をしかけたのだ。「満州事変」（「九・一八」事変）の勃発である。日本軍は二日目には、奉天、長春など二〇以上の都市を占拠、四カ月余りの間に遼寧、吉林、黒龍江三省を完全占領した。翌年一月には戦火は上海にまで拡大、三月にはすでに退位した清朝最後の皇帝愛新覚羅・溥儀（一九〇六―六七）をかつぎ出して、東北に傀儡《かいらい》国家「満州国」の成立を宣告した。中国はこれまで、何度も西側列強の侵略を受けてきた。しかし、今回は、「亡国」という惨禍が目前に迫っていた。

中国共産党中央は「満州事変」が起こるや否や、すぐさま『日本帝国主義の東北三省占領事件に関する宣言』（九月二十日）を発表して、対日抗戦を呼びかけた。コミンテルンは、日本の東北占領は「反ソ戦争に向ってさらに一歩歩を進めた」ものと判断、「ソビエト連邦の武装防衛」のスローガンを打ち出し、中国にもその実行を求めた。

しかし、蔣介石の南京政府は動かなかった。早くもこの年の七月、蔣介石は「外敵を打ちはらうには、まず国内を安ぜよ」の方針を打ち出し、依然として抗日を主張する労農紅軍に対する「包囲討伐」に固執した。その彼がいやいやながらも抗日に乗り出すのは、五年後の「西安事件」以降のことである。

この暗雲立ち込める矢先の一九三一年九月のある日、仕事上の都合で、周恩来が上海を離れて江西省の中華ソビエト区に移ることになり、部下だった張一萍《ツァンイーピン》の通信連絡場所は閉鎖された。コミンテルン在中国工作機関の求めに応じて、周恩来は張女史に、党組織が検討の末、彼女がコミンテルン極東ビューローで仕事の手伝いをするよう言い渡した。そして、コミンテルンの仕事が非常に大切であること、また非常に機密であることをも言い添えた。

「一九三一年九月末のある日の午後のことでした。周恩来同志は私を伴い、車でフランス租界のとある高級ホテルまで行きました。下車すると、一人の若い外国人が私たちを部屋まで案内してくれました。するとなかから、スーツを着た身だしなみの立派な外国の方が私たちを迎えてくれたのです。一目で、私は董秋斯の家で会ったことのある、あの見知らぬ外国人だと分かりました。周恩来は『この方がコミンテルンの指導者ゾルゲ同志。これからは彼の指導のもとで働くのだ』と私に紹介しました。次いで周恩来はゾルゲに『あなたの意見を入れて、今日、張一萍同志を連れて参りました。彼女にふさわしい仕事を手配するようお願いします』と言いました。ゾルゲは喜んで、私たちに座るよう椅子をすすめると、『ご安心ください。かならず彼女にふさわしい仕事を手配します。ご協力いただき、本当に有難う。まことに恐縮ですが、もう数人寄越してくれませんか』

周恩来同志は、『承知した、あなたが指名した人なら、必ずこちらへ寄越すように取り計らいましょう』と答えた。

するとゾルゲが口をはさんだ。『いやはや、私はあなたたち党内のことはよく分かりません。誰を指名したらよいのか分かりかねます。そこはおまかせ致します』

周恩来は賛成の意思表示をして、笑って応じた。ゾルゲは感謝の言葉を連発、大喜びだった」

続いて周恩来はゾルゲに緊迫した中日関係、国内の政治情勢について語った後、張文秋を残して立ち去った。彼が去ってから、ゾルゲは二階から助手の呉照高《ウーツァオカオ》を呼び出し、張文秋を紹介すると、すぐ仕事の話に移った。ゾルゲの話は、二人が仮の夫婦をよそおって家を借り、機関を作ることだった。

張と呉の二人は、早速、フランス租界の福開森路（今日の武康路）と呂班路（今日の重慶南路）で、それぞれ三階建ての洋館をひとつずつ借り受け、家具と日用品を取り揃えた。

呉照高はゾルゲとほぼ同年輩の三七、八歳。ドイツ共産党員だが、金持ちの華僑資本家ということになっていた。妻はドイツ人で、先にも触れたワイデマイヤーだった。

ちなみに、周恩来は一九三一年十二月上旬、上海を後にして江西のソビエト区へ向った。彼が取った秘密の交通ルートは、上海から香港、香港からは広東の汕頭《スワトー》、大埔を経、警戒厳重な国民党の封鎖線を突破して、福建・永定の遊撃区に入り、ここからさらに長汀を経て、目的地の中央革命根拠地の首府——江西・瑞金と、彼がここに辿り着いた時はすでに十二月の末だった。周恩来はここでも毛沢東《マオツエトン》、朱徳《ツウトオ》らと合流、ソビエト区中央書記に就任した。

中国紙掲載の情報やニュースの整理

最初のうち、張文秋に与えられた仕事は、新聞を読むことだった。目を通す新聞の中には『上海毎日新聞報』、『上海申報』、『民国日報』、『大公報』、『北京報』、『南京日報』、『大陸報』、『字林西報』、『世界周報』など十数種あり、国民党の軍事と政治、経済、文化方面の情報・ニュースを集め、自分の判断や分析を加えて資料にまとめるのが仕事だった。他の仲間がそれを英語に翻訳し、さらに暗号に訳してハルビンまたは香港経由で、モスクワに送っていた。

張文秋はのちに南方ステーションの長に任じられ、香港にも出張したことがあった。

ちなみに、張文秋は湖北省の出身。一九〇三年に生まれた。張一萍のほかにも、李麗娟《リーリーチュアン》、陳《ツエン》孟君《ユイチュン》、羨菲《チェンフェイ》、秋萍《チユウピン》という仮名があった。湖北省立女子師範学校の学生時代から革命に身を投じ、一九一九年には武漢の「五・四」運動にも参加した。一九二四年に二一歳で共産主義青年団、一九二六年二十三歳で中国共産党に加入した。一九二七年には、湖北省京山県を代表して、中国共産党の第五回大会に出席している。同年の国共両党分裂後の白色テロの中で、京山県にいた張文秋は棺桶のなかに隠れて敵の封鎖線を突破、九死に一生を得た主でもある。以来、地下工作に携わり、反動派に二度捕まり、一九三七年革命の根拠地延安入りを果たした。毛沢東の長男毛岸英《マオアンイン》、次男毛岸青《マオアンチン》とそれぞれ結婚した姉妹思斉《スーチー》、邵華《サオホアー》の母親でもある。二〇〇二年七月、北京で亡くなった。九九歳であった。

ちなみに、張文秋は上海時代、アメリカ人女性ジャーナリスト、スメドレー女史とも懇意にしていた。そんなある日、彼女は女史の取材に応じて一ヵ月余り、通訳顧淑型《クースウシン》（陳翰笙夫人）を介して、自らの生い立ち、革命への目醒め、地下活動など波瀾に富んだ前半生をスメドレーに語った。スメドレーがまとめた長文は、一九三二年『共産党員羨菲』と題して、米国誌『新しい群衆』（三二年五月号）に発表され、米国各界の注目を集めた。全国解放後の一九八四年、張文秋伝記は始めて英語から中国語に訳され、『革命時の中国人』（北京・展望出版社）に収録された。

ゾルゲ諜報団の中国人メンバー

　上海時代のゾルゲについて語るうえで、忘れ得ぬ中国人がもう一人いる。方文《ファンウェン》（一九〇一—二〇〇三）である。またの名を張放《ツァンファン》、劉進中《リュウチンツウン》、陳浩笙《ツェンハオスン》とも呼ばれた。一九三〇年、ゾルゲとスメドレーが広州の取材先で見付けた最初の中国人助手で、共産党員でもあった。ゾルゲの『獄中記』に記された「非常に有能な男」「王君」とは、まさにこのご本人であった。燕京大学（北京大学の前身）の出身で、当時、広州・東山の米国・キリスト教会女子中学の国文の先生だった。ゾルゲ機関に入った後、友人の粛炳実《シャオピンスー》、柳憶遥《リュウイーヤオ》、陸海防《ルーハイファン》（のち裏切る）をもゾルゲに紹介、ともに情報工作に携わった。

　このほか、なお謎の部分も多々あるが、ゾルゲ機関の中国人グループには、前述の張文秋、呉照高を含めて、方文の妻魯絲《ルースー》、ソ連帰りの章文先《ツァンウェンシエン》（モスクワ、孫逸仙大学）、呉仙青《ウーシェンチン》（女性、クートベ大学）、日本帰りの蔡叔厚《ツァイスゥホウ》、中央特科の紹介で入った常同志《ツァン》（本名さえいまだ不明で、只父親が国民党の淞滬警備司令長官銭大鈞の勤務兵だったことだけが判明している）、張永興《ツァンユンシン》、于毅夫《ユィイーフー》、張《ツァン》樹棣《スゥティ》、董秋斯、蔡歩虚《ツァイブーシュイ》（董秋斯の妻、本名蔡咏裳）、劉思慕《リュウスームー》らがいた。また、ゾルゲ機関から派遣されてソ連へ行った中国人留学生が、二〇名近くいる。

　次に方文が直接関わったゾルゲの活動の事例を、いくつか挙げておく。

一九三一年四月下旬、成立間もない中共中央特科は、その指導者のひとりでもあった政治局員候補顧順章《クースンツァン》の裏切りによって、大きな危険にさらされた。顧が数多くの党の機密を知っていたからである。幸いにして、二年前に南京国民党の特務機関に潜入させていた党の地下工作員銭《チエン》壮飛《ツワンフェイ》が顧の裏切りを素早くキャッチして、上海の地下工作員李克農《リークォヌン》に通報、李克農からさらに陳賡《ツェンクォン》、周恩来に通報、周恩来が時を移さず、すぐさまアジトの移転や機密文書の焼却などの応急措置を取ったため、大事には至らなかった。しかし、危険極まりないことであった。

コミンテルンの出先機関も、中共中央からの警報を受けたあと、すぐ引っ越しをした。ゾルゲはこの措置のほかに、拳銃を一〇丁仕入れ、自衛反撃に備えた。拳銃は、方文が蔡叔厚を通じて、上海の外国人貿易商から手に入れたものだった。その当時、ゾルゲの秘書だったルート・ウエルナーの思い出にも、先にも記したように、この拳銃についての記述がある。

周恩来は一応この裏切り事件を片付けると、中央特科の改組・立て直しに着手、組織を一新させた。改組後の中央特科の指導者は陳雲《ツェンユン》（総務科）、康生《カンスン》（行動科）、李強《リーチャン》（通訊・連絡科）であった。潘漢年は上海の文化界から身を引き、顧を始末して農村根拠地へ向った陳賡に代って、情報科の責任者に抜擢され、情報の収集、偵察と反スパイおよびコミンテルン情報部門との協力などの任務を負わされた。ゾルゲ機関と潘漢年との接触が始まったのは、このころからである。

農村で息を吹き返した中国革命

一九三〇年初頭、大きく挫折した中国革命は、まず広大な農村で息を吹き返した。共産党の率いる遊撃区は江西、福建、湖南をはじめ一二の省、三〇〇の県にまたがり、大小一五の根拠地づくりに成功した。労農紅軍も一〇万人に拡大、うち毛沢東・朱徳の率いる紅軍第四軍が最大の勢力を誇った。

蔣介石は西側列強の後押しと支持を得て、この赤色政権を絶滅すべく奔走、度重なる「包囲討伐」に打って出た。

そんなある日、ゾルゲは方文を呼んで、次のことを告げた。蔣介石はいま「包囲討伐」に現《うつつ》を抜かしている。これに対抗するため、中共中央は画策中の「包囲討伐」計画、その方向、兵力および装備などの情報を切に求めている。「そこで、情報グループを設ける提案をしてきた。つまり、コミンテルンの上海情報ネットトと中央特科が、それぞれ一名の連絡員を指名し、定期的に接触してお互いに情報を交換し合うことになった。コミンテルン側は君が参加し、中共中央側は潘漢年同志が参加するのだ」（『紅色国際特工』）

数日後、方文はゾルゲの指示通り、上海のある高級喫茶店で潘漢年に会い、相互に相手の身分を確認したあと、情報を交換し合った。以来、中央特科とゾルゲ機関は、先の会合を含め数個のルートで定期的に接触するようになった。

ちなみに、潘漢年が同じく上海を離れて、農村根拠地に向かうのは一九三三年の夏。再度この無形の戦線に戻ってくるのは、第二次国共合作が始まって間もない一九三八年末であった。

中共軍に対する国民党軍の「包囲討伐」作戦

一九三二年夏、国民党政府は日本と屈辱的な「淞滬《しょうこ》停戦協定」を結ぶと、早速、根拠地に対する第四次「包囲討伐」に向った。この湖北・河南・安徽の革命根拠地への「討伐」計画は、まず桂林で開いた軍事会議で練られた。ドイツ軍事顧問のゲオルク・ベッツェル国防軍退役大将が国民党側の指揮官と作戦計画を検討、具体化させたものだ。これをドイツ顧問から知ったゾルゲは早速、今回の「討伐」の進攻方向、兵力配置、部隊集結の日時、さらにベッツェルが編んだというういわゆる「掩体《えんたい》戦略」をも逐一、モスクワに通達すると同時に、ルート・ウェルナーのアジトでこれを陳翰笙にも通報した。陳翰笙は陳翰笙で、早速、これを宋慶齢《シュイシャンチエン》に伝え、同女史は党の秘密ルートを通じて、ソビエト区に知らせた。

この報に接した徐向前部隊を主力とする労農紅軍第四方面軍はすぐさま、敵の鋒先を躱《かわ》すべく、部隊の戦術的移動によってこれに対応、国民党軍が到着した頃には、ソビエト区は藻抜《もぬ》けの殻だった。こうして、労農紅軍は二ヵ月間にわたって地の利を活かして遊撃戦を展開、敵に多大な損害を与えた後、四川北部に移り、四川・陝西辺区で新しい根拠地を切り開いた。

労農紅軍の反「包囲討伐」戦で、ゾルゲが担った役割は、特殊な情報分野のものとはいえ、中国革命が困難な状態を迎えていた時だけに、その功績は大きく、忘れ難いものであった。

近年、ロシア側が公表した機密文書によると、ゾルゲが上海滞在の三年間に、モスクワに向け

て発信した緊急電報は、全部で五九七通。このうち半数以上の三三五通が、同時に労農紅軍また
は中華ソビエト区にもたらされた、とある。

逮捕されたヌーラン夫妻は死を覚悟

一九三一年六月十五日、同じく軍の情報部門に属し、スイスのパスポートを持つヌーラン夫妻が、上海の共同租界で英国警察によって逮捕された。スパイ容疑で、息子と保母も同時に逮捕された。同年八月一四日、主として顧順章の裏切りによって、国際スパイとして認定され、秘密裏に国民党軍事当局に身柄を引き渡され、いずれ死刑に処せられるであろうとの噂まで流れた。ヌーラン夫妻も、死を覚悟していた。

ヌーラン（Nougat）はあまたある彼の仮名のひとつに過ぎず、本名はヤコブ・マトビエビチ・ルドニックと言った。ユダヤ人。彼は上海では、「大都会貿易会社」をはじめ三つの商社の代表取締役を隠れ蓑《みの》に八つの郵便私書箱、七つの電報ナンバー、一〇ヵ所もの住居を構えていた。コミンテルンは秘密ルートを通じて、アジア諸国の共産党への支援金をヌーランの銀行口座に振込んでいた。記録によると、一九三〇年八月から一九三一年六月まで、中国の党への支援金は月平均二万五〇〇〇ドルで、他の支部より一〇数倍も多かった。

ヌーランは闘争経験の豊かな「チェカー」工作員で、特殊任務のため、フランスで二年間下獄したこともあった。今回明らかになった、尋問記録から見ても、南京の国民党に引き渡されたあ

とも沈黙を守り、本当の身分を明かさなかった。ヌーランは「汎太平洋労働組合」書記も務めていた関係で、事件は世界的規模での蔣介石への抗議キャンペーンと発展していった。しかし、南京側は口を閉じたまま、一切合切取り合わなかった。

一九三二年元旦が過ぎて間もなく、コミンテルンのピャトニツキー書記の指令で、ゾルゲもこの事件に介入することになった。彼はスメドレーのほかに世界的な知名人、宋慶齢、魯迅、ゴーリキー、カール・ツェトキン、ロマン・ロラン、アインシュタインらを動員して、ヌーランの釈放を求める一方、他方では配下の仲間に、人を遣って極秘裏にヌーランが拘留されている南京の収容所の所在を探らせ、国民党上層部との意思疎通を図った。

当時、国民党の特務機関は中央クラブ・CC派、浙江省籍の陳立夫《ツェンリーフー》の秘密機関（中統）が牛耳っていた。ゾルゲ諜報団の柳憶遥は浙江省の出身であった。彼は仕事上の関係で、浙江派の国民党高官と親しくしていた。ゾルゲも方文もこれに目を付けた。ここにひとつの解決の糸口があるのではないか、と思ったのである。果たして、柳憶遥は頼りになる親戚のある人から、CC派の国民党中央組織部調査科の総幹事を務める張冲《ツァンツゥン》が、南京でのヌーランの収容所を知っているだけではなく、この案件の主管でもあることを知ったのである。

ヌーラン夫妻の身柄釈放に活躍するゾルゲ

しかし、ゾルゲは一つの情報だけでは満足していなかった。何か証拠になるようなもの、例えばヌーランの手書きの文書が入らぬものかと考えたのだ。それさえあれば、彼の身柄釈放を求めるキャンペーンを一層盛り上がらせることができる。こうして、ゾルゲの支援のもとで、方文と柳憶遥が人を遣って、極秘裏に張冲と接触させた。双方の数回にわたる取り引きの結果、ひとつの取り決めができた。つまり、三万ドルでヌーラン夫妻の手書き文書を買い取るという約束である。

当時は、これはかなりの金額であった。しかし、ゾルゲは別の次元のことを考えていた。彼が張冲のひととなり、また一九二〇年代のソ連留学体験をも考慮に入れ、張冲が敢えて「共産党に内通する」疑いをも顧みずに、この取り引きに応じたのは、別の思惑があってのことではなかろうか、と思えたのである。

「張冲は中統（特務機関）で、すでに一定の地位を確保している。その彼が私たちの求めに応じたのは、他に考えがあってのことで、共産党とある種の関係を持つためなのではないだろうか。もしこの取引きが成功した暁には、ヌーランの手書き文書も入手でき、また張冲を私たちの情報員として勝ち得たことにもなる」「政治の世界の遣り取りは、金銭では計算できるものではないのだ」

ゾルゲはそのための条件として、まずは手書きの文書を入手し、金はそのあとで払うよう方文らに言い添えた。相手はこの条件に、異議を唱えなかった。そこで、ゾルゲはモスクワに指示を仰いだ。三万ドルの金は、簡単に工面できるものではなかったからだ。モスクワからは間もなく、

「OK」の返事がきた。そして、二人の同志が大金を携えて、上海に向かったことを伝えた。あとで分かったことだが、二人の同志のうちのひとりは、オットー・ブラウン、中国名李徳だった。それから間もなくして、ゾルゲはロシア語で書かれたヌーランの手書きの文書を入手。その真偽を確かめた上で、方文に約束通りの金額を相手に渡すよう指示、この政治的取り引きは、一応の決着をみたのであった。

ちなみに、内外世論に押されて、国民党の法廷は一九三二年八月、治安を撹乱したとして、ヌーラン夫妻に死刑を宣告、次いで大赦令にもとづき刑を一等減じて無期懲役を言い渡した。一九三七年十二月、日本軍の南京攻略を前に（十二月八日）、二人は監獄を脱出、のちに宋慶齢の助けを得てソ連に帰った。彼らの息子ジェミは同じく宋女史の援助で、それより一足早く一九三六年にソ連に戻っていた。

ヌーラン、すなわちルドニックは第二次大戦後ソ連赤十字社、モスクワ東方学院（大学）、モスクワ国際関係学院（大学）に勤務、一九六三年六九歳の生涯を閉じた。

今回の政治取り引きについては、事態の進展にも見られるように、ゾルゲの推量通り、張冲は共産党の敵ではなく友として、一九三六年西安事件前後、国民党側の代表となって、周恩来、葉《イエ》剣英《チエンイン》、藩漢年と事件の平和的解決や第二次国共合作で折衝、周恩来の手引きと助けもあって、国共両党の歴史に残る大きな役割を果たした。

ちなみに、張冲は一九四一年八月、国民党の公式発表によると、いわゆる「治療ミス」（暗殺説も）で、チフスを感冒と誤診されたため、重慶の病院で死亡。三九歳であった。なお、追悼会には、当時重慶に居合せた周恩来も参列、真摯な弔辞を寄せ、その短い生涯を高く評価した。また延安の毛沢東、朱徳、彭徳懐《ポントオホワイ》、葉剣英からも家族宛に弔電が寄せられた。もっとも、これはのちの話である。

当然のこととして、ゾルゲの先の推量は、当時にあっては、事柄の一面に過ぎず、楽観的なものであった。かと言って、事柄のもうひとつの面を見逃すこともできなかった。見方によっては、この種の遣り取りで、自らの身、すなわちゾルゲ諜報団を敵側にさらすことにもなり、大きな危険を伴うものでもあったのである。この見えない糸、危険は遅かれ早かれ、断ち切らねばならなかった。ヌーラン事件の後始末は、ゾルゲが上海から引き揚げる原因ともなったのである。

早くも一九三二年五月、ゾルゲはピャトニツキー宛に次の電報を送っている。

「私たちの今の境遇は、これ以上この方面の仕事にひきつづき携わるのを困難にしています。私の身分にも疑いがかけられているからです」（『極東の諸問題』二〇〇五年第三期）

ベルジンへの電報には、こう書かれていた。

「弁護士と患者（ヌーラン夫妻の暗号名）との連絡に当たったことは、私たちの安全を脅かすことになった」（前掲書）

事実、一九三二年七月辺りから、国民党の警察もゾルゲの見張りについた。

ゾルゲは余り家に戻らない。戻ると、「家で友人と将棋を指している。電話が多い。電話に出るときは、他人に聞こえないように小声で応答している」

一九三二年十月十日、ベルジンは上海の別のルートから、緊急情報を受け取った。

「中国人のルートから得た情報によると、南京では、まるで軍事スパイの形跡でも見付かったかのような噂が流れている。その人はドイツ系ユダヤ人だそうだ。疑いの目はゾルゲに向けられている」（前掲書）

ベルジンがゾルゲの上海撤退を指令

間もなくして、ベルジンから次の指令が届いた。

「できるだけ早く撤退するように。後任の到着を待つ必要なし」

突然の帰国を前に、ゾルゲはのち次のように述懐している。

「崇高な事業のためでなかったら、私はいつまでも中国に残ったとであろう。私はすっかりこの国の虜《とりこ》になってしまったからだ」

ゾルゲは一九三二年末、上海を離れて、ウラジオストク経由でモスクワに戻った。彼と前後して撤退した人々に、先の政治的取引きにかかわった方文、柳憶遥と粛炳実の三人がいた。ゾルゲが去ったあと、情報機関の仕事は「一時休業」に追い込まれ、張文秋はじめ中国人スタッフは自国の党に戻っていった。情報ネットの仕事が再開するのは、この半年後、後任のワートンが上海に赴任してきてからであった。

ちなみに、張文秋はワートンの赴任後、再びこの仕事に戻った。彼女がここから去るのは一九三五年、ワートンが仲間だった陸海防の裏切りで逮捕されてからのことである。

第六章　陳翰笙とゾルゲ

中国革命の元老

陳翰笙は中国革命の元老の一人で、かつて党の指導の下で多年にわたって諜報工作にたずさわった。彼は国内外で名声を得た著名な学者でもある。一九八五年、中国社会科学院は「著名なマルクス主義社会科学者陳翰笙、学術活動六〇周年祝賀会」を催し、政治経済学、国際関係、世界史などの分野での彼の傑出した貢献を表彰した。

特筆すべきは、陳翰笙は早くも土地革命戦争（一九二七―三六）の初期、中国農村の生産関係、封建的土地所有制度に対する総合的分析から、中国社会の性格を正確に結論づけたことである。胡縄《フウスン》主編の『中国共産党の七〇年』に次のようなくだりがある。

「国民党政府の残酷な文化『包囲討伐』の下で、一部の共産党員と進歩的人士は合法的な陣地をも利用して活動を展開した。一九二九年の春、共産党員陳翰笙は、国民党の元老で、中央研究院院長の蔡元培《ツァイユアンペイ》（一八六八～一九四〇）に招聘されて、社会科学研究所副所長となった。（所長は蔡元培が兼任し、実務は陳翰笙が行った）六年間で、彼が組織した農村社会調査団は、マルクス主義を指針とし、中国社会の性格を研究するため、広く深く社会調査を行った。一九三三年、中国農村経済研究会の創立に伴って、彼は薛暮橋《シュエムーチャオ》（一九〇四～二〇〇五）らと月刊誌『中国農村』を発行し、大量の調査報告と論文を載せた。これによって封建土地制度の改革の必要性を論証し、党が指導する土地革命に呼応する役割を果たした」

陳翰笙は一八九七年二月五日、江蘇省無錫のある読書人の家庭に生まれた。彼は二〇世紀を生き延びて二一世紀に入り、清末、北洋、中華民国そして中華人民共和国と四つの時代を経験した。三つの世紀を跨《また》いだ伝説的色彩を放つ革命老人でもある。

陳翰笙はまたゾルゲの戦友・同志でもあった。一九八六年、陳翰笙は伝記文学作品『私と四つの時代』を出版、初めて個人の経歴などを含む多くの史料を公開した。その中でもゾルゲに関する記述は、中国がこれまで公開した文書にはないものであった。

陳翰笙は「三・一八事件」の積極的参加者であった。

一九二六年三月十二日、馮玉祥《フォンユイシャン》指揮下の国民党軍が張作霖《ツァンツオリン》の奉系軍閥と戦っている間に、日本は軍艦を派遣、奉系軍の軍艦を掩護して天津・大沽口に進み、国民党の軍艦を砲撃したが、守備隊に撃退された。そこで、日本は米英など八ヵ国と連合して、一六日に北洋軍閥の段祺瑞政府に大沽口の防御設備などを撤退するよう要求した。三月十八日、北京市民は共産党李大釗の指導の下、天安門で抗議集会を開き、会議の後デモ行進をし、八ヵ国の通牒を拒絶するよう要求した。何たることか、段祺瑞は護衛隊に命じて発砲し、死者四七人、負傷者一五〇余人を出した。有名な「三・一八事件」である。

陳翰笙は「三・一八事件目撃記」を執筆、事件発生の経過を詳細に記録した。

三月十九日、段祺瑞政府は李大釗《リーターツァオ》の逮捕状を出した。安全のために、李大釗と国共両党の北方指導機関は北京・東交民巷ソ連大使館西院の東支鉄道事務所に入った。ここは大使館区域で、軍も警察も勝手に手出しができなかった。この間、陳翰笙はよく李大釗に会いに大使館を訪れた。

李大釗の手引で情報工作

ある日、陳翰笙はまた李大釗のもとへ行った。李大釗は院内の小さな門から彼をソ連大使館に入れカラハン大使を紹介した。カラハンはまた彼を大使館文化参事官カトーノビチに紹介した。この人物は二〇歳過ぎ、年は若いが博学多才で、英語ができた。陳翰笙も英語ができ、ロシア語も学んでおり、二人は英語とロシア語を交えて話した。その後、彼は露語専門学校専任教師グリネビチと知り合った。この先生はマルクスの『資本論』を取り出して見せた。陳はそれを真剣に読み、どの章どの節、どのページに何が書いてあるのか暗唱できるほどになった。分からないことがあれば、グリネビチを訪ねて教えを請い、討論さえした。夜遅くなると、先生の家に泊まった。『資本論』を通して、彼は人類社会の発展の法則が分かるようになり、マルクス主義の基礎を理解した。陳翰笙は、語る。

「マルクスは四〇年の歳月を費やして『資本論』を完成させ、社会発展史を理解するのに、独自の優れた境地を生み出した。それに比べれば、私がかつて欧米で学んだ歴史は、歴史の理解に繋がるものではなく、ただの史料や史実の積み重ねであった。『資本論』を読んで、やっと本当の歴史を理解した。グリネビチは私の思想に影響を与えた最初の友人であった」

一九二六年、陳翰笙はコミンテルンのための地下工作を始めた。これより前、彼はすでにコミンテルンの刊行物『インプレコール』に寄稿していた。この刊行物は、コミンテルンの文献や世界各地の共産主義運動及び各国の政治経済に関する論評も収録していた。陳翰笙はすでに数一〇篇の文章を寄せ、中国の「五・三〇運動」、北伐戦争や「四・一二」反革命政変などを紹介していた。

ある日、李大釗が尋ねた。

「彼ら（ソ連人）はあなたがコミンテルンの工作をするよう望んでいるが……」

「私は彼らの『インプレコール』に原稿を書いているのではありませんか？」

「いや、そのことではなくて、情報工作のことだ」

陳翰笙はすぐそれに応じた。

それから間もなく、コミンテルンの隊列に加わるよう勧めた李大釗が、反動軍閥に逮捕された。李大釗が処刑される前に、最後に一度、陳翰笙は生命の危険を冒して、この中国革命の初期指導者を獄中に訪ねている。

宋慶齢、スメドレーとの出会い

一九二七年の「四・一二」反革命政変の後、陳翰笙は国外に亡命、日本を経由してソ連に向かった。彼はモスクワで、たまたまソ連を訪れていた宋慶齢と出会った。彼らの長年に及ぶ信頼関係は、このときから始まった。

一九二九年初め、陳翰笙はソ連から上海に戻った。同年二月のある日、彼は宋慶齢の家で、『フランクフルター・ツァイトゥンク』紙特派員、アグネス・スメドレーと知り合った。

「彼女は当時四十歳位、とてもやさしく親しみやすかった。彼女は中国の政治経済及び社会状況については余り知らず、私に手伝ってくれるようにいった。そこで私たちは機会があるたびに話をした。『九・一八事変』の日、私はちょうど街中で、映画館から出てきたスメドレーと偶然出会った。彼女は私を掴まえて言った。『翰笙、あなたは日本が瀋陽を侵略したのを、知っているの？　本当にひどい！』この日、私たちは多くのことを語り合い、国民党の反動統治や国際ファシズムの台頭について話が及び、真面目な人はみな国際平和のために貢献すべきだと思っていたことを話した。私はこの時、スメドレーがコミンテルンのために働いていたことを知らなかったし、スメドレーも私がコミンテルンの人間だということを知らなかった。しかし、平和と進歩的事業への関心から、私たちの間には共通の信念による深い連帯感があった」

陳翰笙

陳夫妻とウェルナー（中央）
1931年上海にて（写真提供
＝cnsphoto）

ルイ・アイリー（左）と語り合う陳翰笙（中央）（写真提供＝cnsphoto）

スメドレーの紹介で、陳翰笙はソ連の「伝説的人物」リヒアルト・ゾルゲと知り合った。陳翰笙の記憶によると、ゾルゲは当時、表向きは経済学者という身分で中国に来て、銀行業務を研究していた。実際は、国民党政府の軍事力の資料を集め、最高軍事指揮部の人事異動などを探っていた。ゾルゲの活動能力は大きく、中国に来て間もないうちに、ドイツ軍の国民党派遣顧問団を通して何応欽《ホーインチン》と知り合い、蔣介石と外交部長の王正廷とも引き会わせてもらっている。ゾルゲが初めて上海に来たとき、スメドレーと同じホテルに泊まった。彼は、スメドレーと親交のある人に進歩的人士が多いことに気付き、蔡元培や魯迅だけでなく、日本の進歩的記者もいることを発見した。そこでゾルゲもこの進歩的なサロンに参加した。陳翰笙はこのサロンでゾルゲと出会ったのだった。

　ゾルゲは陳翰笙と知り合った後、誰か信頼できる中国の若者を紹介してほしいと頼んだ。その頃、陳翰笙は後年著名な経済学者の孫冶方《スウンイエファン》（一九〇八～八三）と仲良くしていた。ある日、彼をゾルゲに紹介しようと、陳翰笙は孫冶方を階下に待たせて、ゾルゲと二階でこの話をした。ほどなくゾルゲと陳翰笙が二階から降りてきた。孫冶方は陳翰笙の紹介を待たずに、ロシア語でゾルゲに話しかけた。しかし、ゾルゲはなにも言わずに立ち去った。その後、ゾルゲは陳翰笙に、今後もう孫冶方と会わないと言った。彼は身分を隠すため、公の場ではドイツ語と英語しか使わずロシア語は使わないことにしていた。しかし、孫冶方は外国語といったらロシア語だけしかできず、先を争うようにロシア語で挨拶したので、ゾルゲは驚いて逃げ出したのだった。

一九三二年二月、スメドレーは陳翰笙に徐州に行き、そこである人物と一緒に西安に行くように言った。西安に行って何をするのか、スメドレーは何も言わなかったし、陳翰笙も当然多くは聞かなかった。彼はスメドレーの言うとおりにタイプライターを下げて、徐州駅で待っていた。事前の約束通り新聞を目印にして会いに来たのは、ほかならぬゾルゲであった。彼は上海からここへ来たのだった。こうして、二人は汽車に乗って西安に向かった。楊虎城《ヤンフウツォン》将軍（西安事件の立役者のひとり）の秘書、南漢宸《ナンハンツエン》が駅で待っていた。下車した後、彼らは西安の高級迎賓館に投宿した。そこの主人は、彼らのために歓迎会まで開いて厚くもてなしてくれた。陳翰笙は、ゾルゲが何のために楊虎城に会うのかを知らなかった。しかも、決して尋ねることもしなかった。これが秘密工作のルールであったからだ。彼らが西安から帰る時、疫病が流行したため、旅行客は潼関の東へ行くことができず、足止めをされた。しかし、ゾルゲはドイツの駐屯部隊を訪ね、洛陽まで飛行機を飛ばすように交渉した。洛陽に着いて後、二人は別れた。ゾルゲは上海に、陳翰笙は太原に向かった

ウェルナーの語る陳夫妻

ゾルゲ・グループでは、陳翰笙は楊教授、外人名ピヨートルの名で親しまれ、ウエルナー一家とは家族ぐるみの付き合いをしていた。

「ピヨートルはおとなしい小柄な男で、学者とはとても思えませんでした。しかし知力は抜群で、

兄のユルゲン・クチンスキーを想起させます。彼は私の兄と同じく、語り尽くすことのない笑い話や昔話を頭に一杯詰めていて、機会さえあればそれを披露するのが楽しみのようでした。ときには自分の作り話もうまく話して、周囲の人たちと一緒に笑い転げたりしたこともありました。絶えず仕事に打ち込む人たち、まじめな学者や地下工作に携わる共産主義者はこの種の息抜きで、張り詰めた気持を解きほぐす必要があったのかも知りません」（『ソーニャのレポート』）

陳の妻の顧淑型は「頭のいい美しい人でした。とび色の皮膚に、小さいえくぼと真白い歯並みが、とても印象的でした。彼女は政治に明るく、なかなかの遣り手と聞いています」「陳夫婦がわが家を訪れるときは、スメドレーもきまって仲間に加わったものです」（前掲書）

陳夫妻、東京へ

この二年後のことになるが、当時、ゾルゲはすでに中国を離れて日本へ行っていた。一九三四年の初冬、ゾルゲはスメドレーを通して陳翰笙に、東京に行き、コミンテルンのために工作するよう働きかけた。陳翰笙は同意して、日本へ行った。表向きは東洋文庫で研究の仕事をすることになっていた。その当時、上海から日本へ行くのは、便利だった。陳翰笙とその妻、顧淑型はすぐ出発した。東京に着いた後、彼らは尾崎秀実の世話で部屋を借り、落ち着くと、東洋文庫へ行った。東洋文庫は蔵書が豊富で、中国に関する資料が特に多かった。陳翰笙はここで中国農村社会調査に関する資料を整理し、論著を書いた。東京の一年間に、彼は英語で『中国の地主と農民』、『工業資本と中国農民』の二つの大作を書き上げ、間もなくニューヨークで出版した。

日本にいた頃、陳翰笙夫婦に忘れ難いことがあった。

普通の日本人は同情心があり、よく他人を助けた。陳翰笙は当時英語で物書き、タイプしなければならなかった。そこで、清掃係の家政婦のほか、タイプライター係も雇う必要があった。尾崎は太平洋問題調査会のある友人を介してその人を紹介してくれた。若い日本娘で、中島節子といった。陳翰笙の記憶では、彼女は当時二十四、五歳、著名な東京女子大学を卒業したばかりであった。中島節子は中国語を話せず、夫妻も日本語を話せなかったため、英語が共通言語となった。彼女は陳翰笙のところで、八、九ヵ月間働いたが、一銭ももらわなかった。一九三五年、陳翰笙は別れの挨拶もせずに、突然帰国した。その後、日中交戦状態に入ったため、彼らの関係はとぎれた。

一九四五年の日本敗戦後、エドガー・スノーが東京に招れ、中国問題について講演した。中国の友人を気にかけていた中島節子も講演を聞きにいった。閉会後、彼女はスノーに陳翰笙を知っているかを尋ねた。スノーは節子に、陳翰笙と仲が良く、上海、香港、ニューヨークで会ったことがあると応じ、彼の連絡先を教えてくれた。一九五一年、陳翰笙と中島節子は再び連絡を取り合うようになり、その後ずっと通信連絡を絶やさなかった。

一九八二年になってやっと、陳翰笙は節子と会う機会ができた。その年の四月、中島節子は陳翰笙に会いに北京を訪れたのだ。お互い雪のように白くなった髪を見て、感慨を隠し切れなかった。中島節子の唯一の心残りは、夫人の顧淑型が文革中の一九六八年に冤罪《えんざい》で世を去ったことだった。中島節子には一人の息子と、二人の娘がおり、いずれも結婚していた。娘の夫は無線電信の仕事をしており、趣味は山登りであった。すでに還暦を迎えていたが、「中国に行ってヒマラヤ山脈に登るんだ」と彼は意気込んでいた。節子は手紙から、陳翰笙は視力が悪いことを知り、彼に大きな文字盤の目覚まし時計をプレゼントした。

東京で、陳翰笙はゾルゲの委託で主に満鉄で日本人の仕事をしていた。その時は、尾崎秀実にも大変世話になったという。彼は東京で少なからぬ日本の友人をつくった。平野義太郎もそのひとりだった。

ところで、一九三五年に陳翰笙が別れの挨拶もせずに、突然帰国したことには理由があった。陳翰笙は東京滞在中、やり甲斐のある指示を得られなかったため悩んでいた。一九三四年末、彼は妻と一緒に町で偶然ゾルゲを見かけた。しかし、ゾルゲは彼らを見ると、素知らぬ顔をして通り過ぎた。陳翰笙はそれ以来、二度とゾルゲに会うことがなかった。

一九三五年四月、コミンテルン極東ビューローのジョセフ・ワートンが上海から東京に来ることになっていた。しかし、彼は期限が過ぎても現れなかった。ある日、陳翰笙が『字林西報』紙を見ていた時、突然、あるニュースを見つけた。それは、ワートンが三種類のパスポートを所持、「スパイ容疑」で上海で逮捕されたというものだった。詳細は後章で述べるとして、陳翰笙は危険がわが身に迫っていることを知り、家には帰らずそのまま横浜から船に乗って帰国した。上海

について から、彼は新亜ホテルにチェック・インした後、スメドレーを訪ねた。

スメドレーはドアを開けると、すぐ陳翰笙を召じ入れ、「どうして来たのか」と尋ね、国民党に捕まらないように外出を禁止した。そして、新亜ホテルに人をやって探ってみた。果して彼が外出して間もなく、国民党特務が乗り込んで来たということだった。陳翰笙はスメドレーの家に一泊、翌日夜半スメドレーは彼をフランス租界のルイ・アイリーの元へ送った。ここに隠れていた方がより安全だからだ。アイリーもコミンテルンの友人。苦難多き中国農民に同情し、共産党の革命闘争を支持していた。彼は危険を顧みずに、住居を共産党に提供して無電装置をとりつけたり、危険にさらされた中共地下党員をかくまったりした。陳翰笙がアイリーに会ったのはこれが初めてだった。

陳翰笙はアイリーの家に泊まった後、友人に頼んで東京へ向い、妻の顧淑型を連れ戻した。

一九四九年に中国全国が解放された時、陳翰笙は米国のジョン・ハジン大学で教鞭をとっていた。一九五一年、周恩来の命を受けて、欧州を回って北京に戻った。彼は外交部副部長の任を辞退し、一意専心、学術研究と民間外交に携わった。第一回、二回、三回の全国人民大会代表と、第一回、二回、五回の全国政協委員を務めた。

陳翰笙は二〇〇四年三月北京で死去した。一〇七歳であった。

第七章　王学文とゾルゲ及びその協力者たち

王学文は日本に留学し、京都帝大で河上肇に学ぶ

王学文は中国の著名なマルクス主義経済学者、教育家で、中国における資本論研究の第一人者でもある。一九二八年から三七年にかけての一〇年間、国民党支配区の上海にあって、マルクス主義の普及につとめるかたわら、党の地下工作にも携わり、ゾルゲと尾崎の数少ない中国の戦友・同志の一人でもあった。

王学文は一八九五年五月四日、江蘇省の徐州に生まれた。地元の「私塾」（寺子屋）で学んだあと、一九一〇年十五歳のとき、叔父について日本へ留学。東京・目白の同文書院、次いで第一高等学校に学んだ。この一高時代の同窓に、現代中国の作家・歴史学者・考古学者の郭沫若《クォモーロー》（当時郭開貞《クォカイツェン》）と成仿吾（のち人民大学総長）がいた。

一九一五年に、金沢第四高等学校に入学したとき、王学文はすでに二十歳。中国古来からの風習で、故郷の両親が代わって地元で嫁さがしを始めた。俗にいう「包辦婚姻《パオパン》」である。そして一、二年後、王は帰国して「見合い」するのだが、その娘が終生の伴侶・同志となる劉静淑《リュウチンスゥ》であった。

二人は郷里で結婚披露をすますと、すぐ日本へ向った。

王学文は一九二一年から二七年まで、京都帝大本科、同大学院で経済学を専攻した。あまたある社会主義派のなかで、マルクス主義を真理として受け入れたのは、この頃のこと。唯物史観の「公式」とまで称されたマルクスの『「経済学批判」序言』（一八九五年）から入り、さらに進んで『資本論』の研究に取り組んだが、師の河上肇の教えに負うところ大であった。

なお、のちの日本共産党の指導者の一人、岩田義道、哲学者・男爵石田英一郎、雑誌『インタナショナル』編集者太田遼一郎は、いずれも京大の同窓生であった。

王学文は在日歴一七年。彼にはこんな思い出があった。

京大生の王は官費生でも、貧しい留学生だった。というのも、間もなく立て続けに三人の子供をもうけるのだが、その費用はすべて奨学金で賄わなければならなかったからだ。

一般の日本人は総じて、同情心が強く、面倒見が良い。王一家の困難を見兼ねた隣近所の人が、手を差し伸べた。こうして、一家五人はある寺の住職の世話で、家賃をとらない京都市左京区真如堂前の極楽寺へ移り住むことができた。毎日、吉田山を越えて大学へ通うのだが、勉学を志す彼には、少しも苦にならなかった。子沢山で生計にゆとりがなかったものの、それでも賢明な妻の劉静淑は彼のために、本代として毎月一〇円を捻出してくれた。

一九二七年、蒋介石による「四・一二」反革命クーデター直後、王学文は毅然として「時流」に逆らい、京大で中国共産党に入党、ひとかどの人間として気骨のあるところを見せた。次いで革命に投ずるべく、恩師河上肇に別れを告げ、日本を後にして上海へ向かった。

第一回汎太平洋労働組合代表者会議で日本代表団の通訳をする

「四・一二」のクーデター直後、中国には三つの政権、すなわち張作霖の北京政府、蒋介石の南京政府、国共合作を維持する武漢の国民政府が、対峙する構図ができた。上海に着いた王学文はしばらく「済難会」の仕事に携わるが、やがて党の指令で武漢に赴き、国民党中央海外部に配属された。同年五月には、プロフィンテルン（赤色労働組合インタナショナル）による第一回汎太平洋労働組合代表者会議が武漢で開催され、王は山本懸蔵、松本治一郎ら日本代表団の世話と通訳をした。中共代表の蘇兆征《スウツァウツォン》やコミンテルン時代のゾルゲの戦友ロゾフスキーが日本代表と会見する際は、彼が仲介の労をとった。

武漢の汪兆銘《ワンツァウミン》が蒋介石側に付いて反共・反革命に走るのは、プロフィンテルンによる第一回会議が終了した二ヵ月後の七月十五日であった。

国共合作決裂後の八月、王学文は中国共産党が指導する南昌蜂起に参加する手はずであったが、部隊に追い付けず、再度、日本へ向い、母校の京大で党支部の指導に当たった。エンゲルスの名著『家族、私有財産及び国家の起源』の中国語訳を手懸けるのは、この頃のことである。

一九二七年初冬、王学文は武漢時代の戦友・同志楊春松《ヤンツウンスウン》を尋ねて台湾へ渡り、簡吉《チエンチー》や趙港《ツアオカン》ら農民組合幹部の案内で各地を回り、行く先ざきで中国革命の現状を紹介、マルクス主義の普及に努め、中共「中央代表」と称され親しまれた。彼は日本統治時代の植民地台湾をはじめて訪れた数少ない中国共産党幹部の一人であったのだ。

王学文は台湾に一年近く滞在、一九二八年秋、上海へ渡った。

この当時、中国の革命運動は、都市の労働者階級による武装蜂起の失敗など数々の困難を乗り越え、徐々に土地革命へと主力を移しつつあった。「農村によって都会を包囲し、武装によって政権を奪取する」という前人未踏の道を歩み始めたのである。これに呼応して、国民党支配地区の上海は、文化戦線を含むあらゆる合法的な陣地を利用して闘いを進める、共産党の隠れた活動拠点の一つとなっていた。

台湾から戻った王学文もこれに合流、郭沫若の「創造社」に参加、上海芸大や中華芸大、華南大学、群治大学、法政学院などでマルクス主義経済学と経済思想史を講ずるかたわら、一九三〇年二月には宋慶齢、魯迅、潘漢年、朱鏡我《ツウチンウオ》らとともに「中国自由運動大同盟」を発足させた。次いで「中国社会科学者連盟」、「中国社会科学研究会」の設立にも参画、同研究会の初代党フランクション書記となった。一九三一年冬には、朱鏡我の後を継いで中共中央宣伝部文化工作委員会書記を務めた。一九三二年には江蘇省党委員会委員をも兼任した。

その頃、コミンテルンでも中共内部でも、中国「大革命」（革命運動を弾圧して、国民党が政治の主導権を掌握。共産党は敗北し、革命の機運は急速に衰退した）後の中国社会の性格、つまり「中国が依然として半封建、半植民地社会であるかどうか」についての論争が展開されていた。

この論争はスターリンとトロツキーとの間でも行われたが、理論的には完全にはまだ決着がついていなかった。こうした中で、全体としては中国社会が今なお旧態依然の半封建・半植民地社会である実態を過小評価して、ソ連のウィットフォーゲル、マキヤール、バルガといった経済学者らが、運動の転換について異論を唱えた。

「大革命」によって中国ブルジョアジーが勝利し、ブルジョア（市民）革命はこれをもって完了した。中国社会は資本主義優位の社会に変わり、しかも、平和裏に発展を遂げつつある。共産主義の教理では、資本主義の発展が熟した後に、プロレタリアートの立ち上がる革命が来る（二段革命論）のだから、プロレタリアートの歴史的使命は遠い先のことである、と吹聴《ふいちょう》したのである。

中国党内では陳独秀らがこれを拠り所にして解党主義を唱え、労農紅軍の戦いを「流賊的運動」として蔑《さげす》み、合法活動に移るべきだと主張した。

こうした論調に反駁すべく、王学文は一九三〇年五月、月刊誌『新思潮』に「中国経済における中国資本主義の地位、ならびにその発展と前途」と題する一文を寄稿。その中で生産力と生産関係の総合的分析にもとずき、結論として「中国経済はいぜんとして国内の封建（半封建）勢力と国外の帝国主義の二重の圧迫のもとにあり」、「帝国主義侵略下の半植民地的封建的経済である」と断じた。一九二七年以降、「ブルジョアジーが政治舞台に登場」したが、しかし「政治舞台に登場して政権を獲得したのは買弁階級だけであり、演目も独り芝居ではなく、帝国主義の了承を得たうえでの封建関係の代弁者との共演にほかならない」と指摘した。さらに、「ブルジョアジー、とりわけ民族ブルジョアジーは政治面では主役たり得ない」と述べた。ここから引き出し得る中国革命の任務はいぜんとして、反帝反封建の域を出るものではないことを実証したのであった。

革命の在り方や戦略・戦術の問題にもかかわるだけに、王学文の鮮やかな論述は、党内外で大きな反響を呼び、薛暮橋、孫冶方、銭俊瑞《チェンツゥンルイ》、駱耕漠《ロークォモー》らも即座にこれに呼応して、一連の文章を表して王の立場・観点を擁護するなど、彼の学者としての地位を不動のものにした。なお、王学文のこの一文は、日本の雑誌でも全文掲載された。

前章でも記したように、モスクワ返りの陳翰笙も中国社会の性格を巡る論争で、独自に農村調査を進め、これを基に封建的土地所有制の存在と土地改革の必要性を論証した。

上海での国際統一戦線工作と地下活動

文化・理論面での闘いのほか、王学文が国民党支配区・上海の一〇年に手懸けたことの一つに、党の国際統一戦線工作と地下工作がある。外国に明るく、日・独・英に精通する彼が党の指令で当時、上海滞在中の国際友人スメドレーや尾崎秀実、ゾルゲやルート・ウェルナーに接近、のちに一丸となって進めた反戦反ファシズムの闘いがその一つであった。

「生あるうちは腹に収め、死しては棺に納める」のが情報世界の鉄則・掟であっただけに、王学文の活動はこれまでほとんど表に出ることがなかった。本書最終章で取り上げたウイロビー報告には、ゾルゲの中国人協力者としてその名も「王夫妻」とだけ記されているが、詳細はいぜん不明。王学文自身黙して語らず、終生、口を閉ざしたままであった。

近年、時の経過とともに、中国国内でも一部公文書の公開が進み、内外の関係者たちの回想録などの端ばしから、断片的情報をつなぎ合わせる努力もなされてきた。それでも、実際には全体像は依然として掴みにくく、核心はなお謎が多い。真相の解明には、公文書館の公開を待つ以外にないといえよう。

このため以下に、ルート・ウェルナー著『ソーニャのレポート』にある王学文についての記述を引用する。

上海のルート・ウェルナーの家は、ゾルゲの秘密アジトの一つ。週一度の会合には、王学文も足繁く通った。ウェルナーは、中国語を学ぶため彼を先生にした。疑惑を持たれないためには好都合であった。

ウェルナーは王について書いている。

王学文は「落ち着いた細心な人で」「夫のロルフも彼のことをよく知っていました」。王から学ぶべきものは多く、とりわけ「彼の科学的思考は、たまたま私の一番欠けているものでもありました」。「私はコミンテルン機関紙『インプレコール』を教材にして、彼に英語を教えたものです」

「晩方、王先生がやってきました。私は週一回、彼と中国事情について討論することになっていたのです。つい最近、彼は農村における政府軍の徴税問題に関する本を一冊書きました。そこには各種統計が盛りたくさん引用されていました。彼は自分のサインの入っている中国語で書かれた本を一冊、私にもプレゼントしてくれました。私はもちろん読めませんでしたが、彼の説明から、農民たちがどのように公然と収奪されているかが分かりました。私の友人の一人がそれをドイツ語に訳しましたが、一〇〇ページほどありました」（前掲書、一九三一年十一月十一日付手紙より）

「今日は九時から午後の三時まで、私たちは郊外へ散歩に出掛けました。王（学文）さんも一緒でした。厳寒のなかを車で出発して、一時間ほど先の農村へ行ったのです。私たちは中国人クーリーの経営する茶店で暖炉を囲んでお茶を飲み、落花生をつまみました。それから、近所の農家を見て回りました。ここでは農婦たちは冬の副業にマッチ箱をつくっているのです。稼ぎは一〇〇〇個作ってたったの三〇銭（一五ペニヒ）にしかなりません。労働時間は一日一四時間と聞きました」（同、一九三一年十二月十五日付手紙より）

推測の域を出ないが、こうした遠出・散歩も、王学文にとっては、ゾルゲとの情報交換・打ち合わせのために利用されたに違いない。

一九三〇年七月、帰国後間もない王学文は、上海・東亜同文書院の進歩的な学生たちが校内に設けた「中国問題研究会」で、マルクス主義経済学のセミナーを受け持った。目白の同文書院に学んだこともある彼には、ここは馴染みのある学校でもあったようだ。同書院は軍国日本の経営する「中国通」の幹部養成学校で、一九〇〇年創立。当時、学院長は近衛文麿、学生は主に日本人であった。これが縁で、王学文は同校の学生活動家西里竜夫、中西功らと知り合い、氏の働きかけで、一九三〇年九月、彼らを中心に秘密の「日支闘争同盟」が発足、果敢な反戦闘争を展開した。

上海東亜同文書院の学生活動家西里竜夫の回想

西里は次のように、回想している。

「…日本帝国主義の満州侵略の危険が強まるにつれて、これを阻止することが、自分たちの責務だと考えた。それは中国の大衆を苦しめるだけでなく、経済恐慌の嵐のなかでたたかっている日本の労働者、農民をいっそう苦しめる結果になるからである。そして私は、中国革命を支持し、日本帝国主義の侵略戦争に反対する決意を固め、在留日本人の進歩的な人たちの結集に着手した」

西里の周りには、当時、学生の安斎庫治、白井行幸、尾崎庄太郎、小松重雄、水野成、中西功、浜津良勝、河村好雄、新庄憲光、片山康弐、坂巻隆、同書院の事務員加来徹のほか、上海毎日の岩橋竹二、船越寿雄、上海日日記者の手島博俊、上海週報社の田中忠夫、川合貞吉、副島竜起、日高為雄、古本屋経営者の田代某、中国人翻訳家の温盛光《ウェンスンクウァン》ら三〇人近くが集った。

「…中心的な指導者は王学文だった」「王学文は、河上肇の弟子で、…日本語も上手だった。彼が中国共産党江蘇省委員という重要な任務をもった人物とは、当初まったく知らなかった。彼はすぐれた理論家で、とくに経済問題に明るく、私は彼に学ぶところが多かった。彼は私のもっとも尊敬する人物のひとりで、彼との交友はずっと後までつづいた。彼は、抗日戦中は延安から、また革命勝利後は北京からたびたび伝言をよこしてくれた。私を中国共産党に入党（一九三四年）させてくれたのも王学文であった。この王学文の指導で、この年の九月『日支闘争同盟』が組織された。もちろんそれは、まったくの非合法組織で、『中国問題研究会』をそのまま移行させたものではなかった…。王学文は、非合法活動のやり方について、細かく技術的な面まで指導してくれた。そして私たちは、在留日本人の結集、とくに日本軍隊に対する働きかけを開始した」

彼らのスローガンは鮮明かつ戦闘的であった。

中国から手をひけ！
侵略戦争反対！
日本軍隊は撤退せよ！
日本帝国主義を倒せ！
中国のソビエトと手を握れ！
銃を逆《さか》さにして、資本家地主の国家を倒せ！
中国共産党万歳！

兵士　労働者　農民万歳！

近年、中国で公開されたトップクラスの公文書にも、次の文面がある。

「中西功、一九三一年四月中国共産主義青年団に加入、一九三八年五月中共の正式党員となる」

中西も西里同様に王学文の紹介で、中国の党に入り、間もなく（同じく王の紹介で）二人して中共特科（のち上海情報科）にも、その名を列ねるようになった。このほか、上海日日新聞記者の手島博俊も、王の手引きで中国共産党に入党、抗日の情報工作に携わった。

「日本籍中共党員中西功、西里竜夫ら日本の同志は、いずれも江蘇省党委員の王学文が二〇〜三〇年代に苦労して養成した人たちだ」「抗日戦中、彼らは党の情報分野のたたかいで多大な貢献をした」（『太平洋戦争の警報』、『中共中央党学校有名教師』）

なお、王学文の受け持つ経済学セミナーには、当時、朝日新聞（大阪）の上海特派員尾崎秀実もちょくちょく顔を出していた。すでにスメドレーを通じて王とは面識があり、同じ理想を共有する人間として、仲間付き合いをしていた。彼らは公園やホテルや茶楼を利用して接触、情報を交換し合った。

一九三二年二月、尾崎が上海を去る際には、王学文も見送りのため波止場まで出掛けたが、国民党特務の見張りが余りにも厳しくて近寄れず、結局、会えずしまいになったという。

上海で地下工作に専念、自宅は特科の秘密アジト

一九三二年郷里から家族を呼び寄せた王学文は、党の指令で地下工作に専念した。以来、彼の家は中国共産党中央、中共江蘇省委員会および上海特科の秘密のアジトとなった。

「一九三二年春以降、上海で党の地下活動を堅持した。過酷な白色テロのもとで、王学文同志は複雑かつ困難な隠蔽工作をすすめ、積極的にさまざまな処置を講じて、多くの党の責任者、国際友人、愛国の進歩的人士と連絡を取り合い、革命勢力を蓄え発展させ、党の統一戦線を拡大・強化するうえで大きく貢献した」(『王学文同志の生涯と事績』)

王学文は一九三七年春、国民党支配区から中国共産党中央と八路軍司令部所在地の延安へ移り、中央党学校教務主任、マルクス・レーニン学院副院長(院長は洛甫《ローブゥ》＝当時の中国共産党総書記張聞天《ツァンウエンティエン》)、八路軍総政治部敵軍工作部部長、華北財政経済学院院長などを歴任した。

また、延安の日本労農学校(校長は岡野進＝野坂参三)でも教鞭を執って、日本兵捕虜の思想改造や若き革命家の育成に尽力した。第二次大戦終結時に日本に帰り、その後、日中友好運動に取り組んできた活動家の香川孝志、前田光繁は、この労農学校で学んだ旧日本軍兵士たちであった。

王学文は、一九四九年新中国成立後、全国人民代表大会代表、全国政治協商会議委員、同常務委員に選出され、『毛沢東選集』の編集にも携わり、中国科学院哲学・社会科学学部委員(アカ

デミー会員に相当）、教育部政治経済学教学委員会主任などをも兼任した。

スターリンと異なる生産力要素論を展開

王学文の人柄を知るうえで、避けて通れぬエピソードがある。

新中国成立直後の一九四九年十月から翌年の一月にかけて、王学文は党の機関紙、『人民日報』に自著『政治経済学教程緒論』を連載、六月には単行本として上梓《じょうし》した。この著書は彼の数一〇年に及んだ研究を総括した学術書で、そのなかには彼独自の見解も少なくなかった。生産力の「三要素論」はその一つだった。折りも折り、それは革命から建設へと向う新生・中国ともタイミングを同じくして、国内外識者・読者の好評を博した。『緒論』は当時、理論界の重鎮と称された中央宣伝部の陸定一《ルーティンイー》、胡喬木《フゥチャオムー》、陳伯達《ツェンポーター》たちもチェックし、出版の許可を取り付けていた。陳迫達も当時、「君のこの本は、（経済学に）新しい局面を切り開くものだ」と賛美を惜しまなかった。

そんなとき、思いもかけなかった災厄が、天から降って来た。

中国人民大学で教鞭をとるソ連専門家、経済学者アルマゾフは、王学文の生産力三要素論がスターリンの二要素論と相いれず、間違いだとして異議を唱えたのだ。これには自称「中国切っての理論家」陳迫達が即座に同調、事前にチェックして賛美を惜しまなかったのが、一転して王学文批判を展開、持論の撤回を迫った。「スターリンとその理論に楯突くとは何事か」と言わんばかりであった。生産力の構成如何は純学術的な問題で、百家争鳴、文字通り議論を闘わせる中で真理を求める態度で臨み、少数意見も尊重されてしかるべきはずであった。

生産手段と労働者の二要素とする生産力についての有名なスターリンの定義は次のようなものである。

「物質的富をつくるのに必要な生産手段、および一定の生産上の経験と労働技能により生産手段を用いて物質的富を創造する人間、—これらすべての要素が相寄って社会の生産力を構成する」（スターリン『弁証法的唯物論と史的唯物論について』）

しかし、王学文は延安時代からの自説を固持して譲らなかった。

「生産力が労働者、労働手段、労働対象の三要素で構成され、一つとして欠かせないものであること。そしてこの三つの要素がばらばらに分散している限り、それは未成の生産力でしかありえず、相互に結合し、それぞれの役割を発揮して初めて現実の生産力と成り得る」と彼は考えたのだ。また、彼は批判に対して論点を整理して、次のように反駁した。

学界ではこれまで、生産手段を対象および用具（手段）の二つが分かちがたく結びついた一つのものと解する向きがあったが、私はこれを不合理として、切り離したままのことである。（生産手段は「その労働力が働きかける対象および労働を助ける用具」（石田英一郎「唯物史観」、『社会科学辞典』河出書房）

陳迫達がトロツキストの汚名を着せ、政治生命を奪われる

陳伯達は私心が強く働いたのか、自尊心を傷付けられたのか、今度は権力を笠に着て、学術問題を政治問題にすり替えた。彼は王学文をマルクス・レーニン学院から締め出して、言論執筆の自由をさえ奪い、果ては反スターリン主義者、「トロツキスト的観点を持った人物」であるとして、学界の批判にさらし、「剰員」（余った人員）として中央宣伝部の管轄下に置いた。中国の「大革命」時代からの古参党員が職を失ったのだ。

いったん「トロツキスト的観点」の烙印を捺されることは、当時にあっては（いまでもそうであるかもしれないが）革命家は言うに及ばず、学者・研究者としてもその政治生命を絶たれたも同然だった。かの「文化大革命」では、王学文は「妖怪変化」として一般大衆から隔離され、沈黙を強いられた。

それでも、王学文は自説を曲げず主張、良心を捨ててまで「権威」に屈服するのを潔《いさぎよ》しとしなかった。虚心坦懐の彼には政治の分野でも学術の分野でも、さもしい功名心などさらさらなかったからだ。「文革」さなかの一九七〇年、林彪《リンピャオ》の輩《やから》のごときもとへ走った、当時の「文革」組長、陳迫達が失脚して、中国共産党内部もようやく理性が取り戻された。王学文の迫害が解かれるまで、二〇年の歳月が過ぎ去っていた。

今日でこそ中国の経済学界で、生産力の構成要素について語る場合、きまってこの両者の見解

が引き合いに出されるが、これまでには先に述べた経緯と苦節があったのである。

なお、先の『緒論』は王学文の『王学文経済学文選』、『王学文「資本論」研究論文集』などとともに、一九八三年、人民出版社によって再版され、再び日の目をみることができた。

王学文は清廉にして潔白、革命家、共産主義者としても数少ない得難い人であった。全中国解放後の一時期、不当な仕打ち、迫害も受けたが、しかし一般大衆は彼を理解し、その境遇に同情していた。混乱した「文革」の最中でさえ、彼を攻撃する大字報は一枚も貼り出されることはなかった。これは当時にあっては非常に珍しいことで、彼の表裏のない人格を浮き彫りにしている。彼は、「中国共産党のすぐれた党員、傑出した教育家、著名な経済学者」として、一九八五年二月二十二日、北京で天寿を全うした。九十歳であった。

北京西郊の八宝山革命公墓で行われた告別式には、楊尚昆《ヤンサンクン》、喬石《チャオスー》、宋平《スウンピン》、胡喬木《フウチャオムー》、姚依林《ヤオイーリン》、習仲勲《シーツウンシュン》らかつての上司、同僚、教え子数百人が詰めかけた。なお、胡耀邦《フウヤオパン》、李先念《リーシエンネン》、陳雲、彭真《ポンツエン》、鄧穎超《トンインツアオ》、王震《ワンツエン》らからは花輪が送られた。

一〇年後の一九九五年五月四日、北京で、中共中央党学校主催の「王学文同志生誕一〇〇周年記念学術座談会」が開かれ、中国革命に大きな足跡を残した氏の逝去を悼み、マルクス主義理論わけてもマルクス主義経済学の研究と教育に対する貢献がたたえられた。

第八章　東京におけるゾルゲとその諜報活動

ゾルゲの暗号は「ラムゼイ」

モスクワに帰って間もなく、ゾルゲは旧アルバート通りのＧＲＵに、上司のベルジン将軍を訪ねている。新しい任務につくことは聞いていたが、それが何処なのか、彼も皆目、見当がつかなかった。「何か希望でも？」と上司に尋ねられて、ゾルゲは考えるともなく、淡々と答えた。

「アジアでしたら、行ってみたいところが三ヵ所あります。一つは中国の華北、一つは同じく中国の東北、それに東京も悪くはないですね」

東京行きは当時、彼が冗談半分に言ったまでのことだった。それから二週間後、ゾルゲはまたベルジン将軍に呼び出された。

「君の言った東京行きだが、一度やってみるだけの価値はあると思う」

こうして、ゾルゲの東京行きは決った。ベルジンは彼が記者として赴任すること、それもドイツ人記者の肩書で行くように命じた。

「自分の靴は一番足に合う」というように、ゾルゲはドイツの血統、ドイツ国籍を持っていた。

加えて、日独親善が大声で叫ばれるご時世。それに、記者仕事は、情報活動の格好の隠れ蓑《みの》でもあったのだ。

それでも、同僚たちはゾルゲの身の上を案じた。「これでは、ゾルゲをギロチンに懸けるようなものだ」と愚痴るものもいた。

「俺たちの仕事では、勇気と大胆、それに慎重な行動、矛盾するこの両者の統一と調和、これが俺たちの弁証法なのだ」

情報活動について、ベルジンの有名な言葉である。

ゾルゲの日本行きが決まると、ベルジンは彼にグループの暗号名を「ラムゼイ」とすることを申し合わせた。

「ラムゼイとはどういう意味ですか?聞いたこともありませんが……」

とゾルゲが尋ねると、ベルジンは次のように説明した。

「ラムゼイはロシア語でРАМ・ЗАЙ。頭文字だけ取るとР・З。Р・ЗはРИХАРД・ЗОРГЕ、つまりリヒアルト・ゾルゲだ」

これに加え、ベルジンはゾルゲに、中国と違って、日本共産党とは絶対に接触しないこと、在日ソ連大使館とも行き来しないこと、そして相関は頼らずに独自に活動するよう命じた。残念なことには、ゾルゲに落度がなくもないであろうが、主に当時のソ連政治が原因して、のちにモスクワは自ら定めたルールをないがしろにし、果ては破壊して、由々しい結果を招くこととなった。

もっともこれは後日談である。

一九三三年五月、ゾルゲはモスクワを発ち、日本をめざした。数ヵ月の道程だった。最初の目的地はベルリン。彼はここでパスポートを取得せねばならなかった。それも本名で……。年初、ヒトラーが政権についた。ナチス・ドイツの国家秘密警察（ゲシュタポ）が引き継いだワイマール当局の公文書のなかに、ゾルゲのファイルが混じっていないとは限らない。ベルジン将軍もそれを気にしていた。幸いにも、ナチスは発足してからまだ日が浅く、ゲシュタポもそこまでの資料はまだ完備してはいなかった。ゾルゲに対して疑惑が強まるのは、ナチス・ドイツの秘密諜報機関長ワルテル・シェレンベルグによると、それも一九四〇年に入ってからで、ゾルゲがコミュニストであるという確証はなかったが、しかし「少なくともシンパだ」とされ、監視を厳重にすることで、帝国安全総局長官ラインハルト・ハイトリッヒと意見が一致、そのため同年末マイジンガー大佐が東京のドイツ大使館に派遣され、監視役を務めた（『秘密機関長の手記』）。ちなみに、ナチスの下に保管されていた旧公文書から、ゾルゲ・ファイルが発見されるのは、彼の逮捕以後のことであった。

ドイツ『地政学』誌とも契約

こうして、ゾルゲは順調にパスポートを手に入れ、ドイツ紙『フランクフルター・ツァイトゥンク』の駐日特派員として赴任する資格をも得た。彼は名刺の肩書にこう書いた。

博士　リヒアルト・ゾルゲ
駐日特派員
『フランクフルター・ツァイトゥンク』
『毎日の展望』
『アムステルダム商業新聞』
『地政学』誌

『地政学』誌の創始者でドイツ地政学の大家、カール・ハウスホーファーはゾルゲと取材契約を結んだほか、友人の駐日大使ディルクセンと駐米日本大使出淵勝次宛の紹介状をも彼に持たせた。『毎日の展望』紙編集長のチュウラーは退役将校。軍人の誼《よしみ》から、すでに日本に向った親友オット中佐（のち大使）を紹介した。その紹介状にはこうしたためてあった。

「ゾルゲ博士は完全に信頼に値する方です。思想的にも人格的にも頼りになる方です」

ゾルゲはベルリンで、ナチ党へ入党申請を出した。

彼はベルリンから港町ハンブルクへ向い、フランス客船でニューヨークを経由して、バンクーバーで下船。ここから先は万トン級の大型カナダ客船に乗り換えて、同年九月六日横浜港に上陸した。ゾルゲが三十八歳のときであった。

ゾルゲが東京に着いて間もなく、まず手がけたのが「ラムゼイ機関」の組織づくりであった。モスクワ派遣のクロアチア人で、アバス通信記者ブランコ・ド・ブケリチと、米国帰りの沖縄出身の画家宮城与徳の二人は、すでに東京に着いていた。ゾルゲはその一人ひとりと連絡をとるのだが、彼の最大の関心事は、上海時代にともに働いた尾崎秀実が今回も協力してくれるかどうかだった。その尾崎が、宮城を通じて、再会に応じたのを知ったとき、ゾルゲは小躍りして喜んだ。

「良かった。彼（尾崎）さえ協力してくれれば、私の任務はそれだけで半分は成就したようなものだ。慎重、確実、それに知識も広い。彼ほど極東問題に明るく、深く理解している人を私は知らない」

一九三五年、ゾルゲはモスクワへ一時帰国。赤軍諜報機関のボスはベルジン将軍からウリツキー将軍に交代していた。ゾルゲはラムゼイ機関の発足、オット大使館付武官との出会いや東京見聞などについて報告した後、上海時代の良きパートナー無線技師のクラウゼンとその妻アンナを組織に加えるよう求めた。ウリツキーは彼の希望を快諾。クラウゼンは間もなく国防人民委員ウォロシーロフ元帥直々の命令で、東京に向った。

一九三六年春頃には、同じくドイツ人ジャーナリストのギュンター・シュタイン（のち英国籍を取得）が英国紙特派員の肩書で東京に着任、ゾルゲの助手となった。これで、ゾルゲ諜報団の主なメンバーは、顔触れが揃った。日本人妻三宅華子（石井花子）がゾルゲと出会うのは、この前の年であった。

ゾルゲの「二・二六事件」

一九三六年はラムゼイにとって大切な年だった。この年、二つの歴史的な事件が起ったからだ。一つは、「二・二六事件」、もう一つは「西安事件」である。

一九三六年二月二十六日早朝、「青年将校」に引率された一四〇〇人の兵士が、東京の市街地で反乱を起こした。「民主国家」ならぬ、「軍国・日本」ならではの反乱である。国家を改造して、ファシスト軍部独裁政府を確立すべく決起したのだ。彼らは首相官邸、陸軍省を襲い、元首相で当時の内大臣斎藤実、蔵相高橋是清、陸軍教育総監渡辺錠太郎を殺害、天皇の侍従長鈴木貫太郎に重傷を負わせた。

首相・海軍大将岡田啓介も反乱軍の標的であったが、義弟の松尾伝蔵陸軍大佐（予備役）が身代りになって殺害され、岡田本人は一命をとりとめた。

「二・二六事件」は世界的にも大きな反響を呼び、各国政府の注意を喚起した。反乱は「三日天下」で終ったが、その社会的政治的背景や因果関係などが問われた。反乱翌日の『フランクフルター・ツァイトゥンク』紙は外国他紙に先駆けて、ゾルゲの東京発至急電報を掲載、「二・二六事件」を報じた。

ゾルゲは「東京で起きた今回の事件は、頭のいかれた数人の下級将校の発作的な行動ではなく」、「決起には深い理由がある」と断定、「青年将校」の反乱は短命に終り、当分、政局にも大きな変化を来さず、穏健派が依然として軍を掌握し続けるだろうとの見通しをも書き添えた。事態のその後の進展は、ゾルゲの判断の正しさを実証した。

その実、ゾルゲは尾崎と宮城を通じて、早くも同年初頭、日本の政局が危機にさらされていることを熟知していた。軍内派閥の抗争が、一触即発の状況にあったのだ。陸軍内の「櫻会」が分裂して、二派に分かれた。一派は尉官クラスの将校を中心とする「皇道派」で、クーデターによって現存する秩序の破壊を主張。他の一派は佐官を中心とする「統制派」で、合法的手段で軍部の独裁を確立すべきだと主張した。このように、目標を同じくしながらも観点を異にしたため、軍内争闘は激化の一途をたどり、もはや抜き差しならぬものとなっていた。

ソ連政府機関紙に掲載されたゾルゲ論文

ゾルゲは先の分析と結論を報告書にまとめて、モスクワに送った。同時に、ドイツ外務省にも通報。さらに『東京における陸軍の反乱』と題する論文を書き、R・Sのサインでハウスホーファーが主宰するドイツの『地政学』誌に掲載した。

ゾルゲが予期しなかったのは、この論文が間もなくドイツ語からロシア語に翻訳され『反乱の後』のタイトルで、ソ連政府機関紙『イズベスチヤ』（一九三六年四月十五日付）に転載されたことだ。秘密軍事諜報員の身分がばれる恐れがあって、ゾルゲにとって非常に危険なことだった。

ことの起りは、コミンテルン指導者の一人、カール・ラデックにあった。彼はある日同誌に目を通していたとき、「R・S署名」のこの一文に注目、早速『イズベスチヤ』紙に推薦したのだ。もちろん、ラデックは筆者が自分のかつての部下で、日本に身分を隠して派遣されたリヒアルト・ゾルゲだとは、夢にも思わなかった。

ゾルゲはドイツ大使館の図書室で、偶然、この記事を見たときは、余りの驚きに息も詰まるほどだった。武官のオットもすでにこれを読んでいるに違いない。幸いにも、ゾルゲが平然とこれに対処したため、ことなきを得たが、危険この上ない出来事でもあった。彼は早速クラウゼンを捜し出し、モスクワに今後『地政学』誌や『フランクフルター・ツァイトゥンク』紙に掲載されたR・S署名論文は、二度とソ連の新聞雑誌に転載しないよう打電させた。モスクワもこれを了承、再び「過ち」を繰り返すことはなかった。

日本の傀儡《かいらい》国家「満州国」の成立と西安事件の突発

二〇世紀の三〇年代、中国は亡国の瀬戸際に立たされていた。前述のように、九・一八事件に始まる中国東北部への日本の侵略は遼寧、吉林、黒竜江の三省を矢継ぎ早に失わせ、翌一九三二年一月には、上海事変を引き起こしただけではない。三月には清朝最後の皇帝溥儀を担ぎ出して「執政」(のちに皇帝)のポストに据え、日本の傀儡国家「満州国」の樹立を宣言したのである。

次いで、日本は一九三五年以降、中国軍隊の北平(北京)、天津、河北からの撤退、チチハル・綏遠・河北・山東・山西の華北五省の「自治」運動、特殊化を画策、それらを逐次実行に移した。この結果、華北全体も危機に瀕した。

民族存亡の危機にさらされながらも、中央政府の蒋介石は依然として、「共産党討伐」を呼びかけ、部隊を解放区へ向わせた。これに真っ先に反対したのが、北方軍閥の張学良《ツァンシュエリャン》と楊虎城の軍隊であった。彼らは一九三六年十二月、西安へ「共産党討伐」の督戦にやってきた総司令官の蒋介石を逮捕・監禁したのだ。世にいう「西安事件」の突発である。

このニュースはいち早く、日本にも伝わった。事件の真相がなお不明のため、さまざまな憶測が流れた。「蒋介石が共産党と組んで日本軍と戦うことなどありえない」「張は蒋介石を殺すだろう」というのが、一般的な見方だった。

雑誌『中央公論』は同年一月号に、「学良兵変と中国」と題する特集欄を組んで、中国問題の専門家たちに、執筆を依頼した。尾崎秀実もその一人だった。太田宇之助や波多野乾一らがもっぱら個人的な恩怨や性格の違いなどから事件の発生を究明したのに対し、尾崎は現代中国の直面する諸矛盾にメスを入れることによって、この事件を「基本的な矛盾の端的な表現」として捉えた。そして、反乱が唯単に南京政府の打倒をめざすものだとすれば、それは一面的で、野望の実現も困難であろうと次のように説いた。

「今日、軍閥張学良の意図がいずれにあるにせよ、その軍隊内部にこの主張（中国共産党の『抗日救国のために全国同胞に告ぐる書』の主張）に共鳴するものを生じ、その下からの圧力がクーデターの原動力となったことは恐らく事実であろう」

回りくどい表現だが、尾崎はさらに、蒋介石にはまだ大衆の支持があり、ここで殺すのでは中国がバラバラになりかねないことを、共産党は承知しているともいった。
歴史は尾崎の見通しが正しかったことを実証した。中国共産党の周恩来が西安に飛び、張学良とともに蒋介石を説得、遂に、抗日のための第二次国共合作が成立することになったのだ。
尾崎については、日頃彼と懇意にしていた西園寺公一《さいおんじきんかず》が、のちに回想録『過ぎ去りし、昭和』の中で、次のようなエピソードを披露している。

一九三六～三七年頃、尾崎秀実はすでに、「毛沢東の中国」の出現を予測していた。彼は「孫文後」の国民党を見て、そのなかにある体質から、中国を近代化するのは無理だと分析していた。そして、ソ連はナチス・ドイツに敗北することはありえないともいった。とにかく日本は東洋の国だし、東洋で生きていかなければならない。世界戦争の有無にかかわらず、中国やソ連と手をつないで協力していく必要がある。そして日本にとって、中国の市場は最も重要だともいった。太平洋戦争が始まる前から、日本の敗北を予測した人は、それほど珍しくはない。しかし、尾崎のように将来像を自信をもって見通した人物は、余り多くはないのではないか。

以上が尾崎秀実の思想と信念に対する西園寺公一の評価である。

ゾルゲ、盧溝橋事件勃発直後に中国入り

一九三七年、盧溝橋事件が起ると、ゾルゲは遠路はるばる現地を訪ねて、真相の究明に当たった。この際、「盟邦」ドイツの記者として、彼は日本の軍用機に相乗りして国民党政府の首都南京に飛び、はからずも「南京大虐殺」の目撃者の一人となった。

同年十二月十三日、日本軍が南京を占領した。ゾルゲの飛来はその数日後。街中は折り重なった死体が散乱し、焼け焦げた民家からはなお硝煙が立ち籠めていた。その中を野放しにされた日本兵が群をなして略奪、凌辱、破壊、虐殺をほしいままにしていた。身に寸鉄もおびない難民が日本軍によってあちこちに集められ、壮丁の服を纏《まと》った者、手にタコのある者はすべて軍人として扱われ、揚子江のほとりまで運ばれた後、機銃掃射を浴びて川の中に放り込まれた。川は血で赤く染まった。試し切りに「一〇〇人切り競争」がはやり、軍刀を杖代わりに立って気勢をあげる将校の姿を撮った写真が新聞を賑わした。南京は日本軍による占領後、瞬時に生き地獄と化した。

大虐殺は南京陥落とともに始まり、二ヵ月の長きに及んだ。婦女子を含め被害者は三四万人に達した（『南京大虐殺』中国文史出版社、一九九七年）。

ゾルゲはドイツ大使館邸に旅装を脱いだ。ホテルは危険だったからだ。たまたま中国滞在二十年というアリシュタット老医師と隣り合わせだった。いまはドイツ「赤卍字会」会長でも、以前

は赤十字社の指導層の一人でもあった。南京の総人口は当時百万人強。彼によると、そのうち半数は「戦火を避けて城を脱出した」という。アリシュタットはつい昨日目撃したことを、ゾルゲに話した。

昨夜のことだ。私と古い付き合いのある中国人エンジニアに呼ばれてその家を訪ねた。娘が数日前街中でさらわれ、人質として警備司令部に軟禁されたのだ。金銭が目当てで、かなりの額だった。助けを求めるすべもなく、父親は苦労して集めた金銭を届け、娘を取り返した。しかし娘は家に帰ると腹痛を訴え、ベッドに倒れた。私が連絡を受けて駆け付けたとき、娘はすでに事切れていた。診断の結果は、中毒死だった。彼女は死に際、父親に警備司令部から釈放される前、強引に注射を一本打たされたことを告げていた。日本人は金銭を受け取ると、彼女を殺した。証拠隠滅のためだったのだ。

ゾルゲは愕然とした。不可解だったのは、戦闘がすでに終結したにもかかわらず、虐殺が行われていたことだった。それは彼の知る「挽き肉機」とまで称された第一次大戦時のベルダン（フランス北東部、ミューズ川中流域の小都市。第一次大戦中の一九一六年、ペタン将軍指揮下のフランス軍がドイツ軍の総攻撃を撃退した古戦場）の惨禍をはるかに凌いでいた。前近代的手法とはいえ、南京大虐殺はその残酷さにおいて、ナチス・ドイツのアウシュビッツ強制収容所におけるユダヤ人虐殺に勝るとも劣らぬものであった。

リュシコフの日本亡命

いわゆる「スターリン粛清」の荒れ狂う一九三八年六月二十二日、ソ連・極東で一大事件が起きた。地元の内務人民委員部（ＮＫＶＤ）長官のリュシコフが、ウラジオストク近辺の中満ソ国境（琿春・長嶺子）を越えて満州に亡命してきたのだ。この思いがけない事件に有頂天になった日本陸軍参謀本部は、早速、彼を東京に護送させた。リュシコフはソ連政治情報のほか、大量の軍事機密を所持していたからだ。当初、リュシコフ亡命を黙殺する態度に出たモスクワは、ゾルゲの通報によって事の重大さに思いを至すようになったのか、ゾルゲにリュシコフの動静を探り出すよう指令してきた。

リュシコフの身柄を預かった参謀本部第二部（情報）ロシア課では、ソ連事情に精通している甲谷《こうたに》悦雄少佐らが中心となってリュシコフの取り調べを行った。この際、日本の同盟国であった在日ドイツ大使館付武官ショル中佐も立ち合った。一九三七年以来、日本大使館付武官大島浩とドイツ国防軍防諜部長カナーリス海軍大将との間で、日独両国が仮想敵国ソ連に対する情報交換および破壊工作の推進を規定した協定が結ばれていた。日本側が得たソ連関係の資料は、在日ドイツ大使館付武官に交付し、ただちに伝書使をもってドイツ国防省に送付せられねばならなかった。このため、リュシコフが甲谷少佐の取り調べに対して明かしたソ連国内の様々な機密情報は、間髪を入れずにショルの察知するところとなり、ショルの手を通じて、ドイツ国防省へ通報されたのであった。

このショルは第一次大戦時に、ゾルゲと同じドイツ軍第一一〇一予備歩兵連隊に所属してベルギーの西部戦線でともに戦った戦友で、二人は東京で親交を結んでいた。ショルからリュシコフの取り調べ内容を詳しく聞き出したゾルゲは、その要点をモスクワに直ちに報告、自分の個人的な見解として、赤軍の軍事機密をリュシコフから入手した日独両国に「この弱点に付け込んでソ連に対して軍事行動を起こすべく」計画もあることを指摘した。また、ドイツ国防省がショルの要請に基いて、ベルリンからリュシコフを専門的に取調べる特使を派遣してくることもモスクワに通報した。このためモスクワは、ベルリンからやってくるドイツ国防軍の特使が、リュシコフを取り調べた内容を細大もらさずに即刻、通報することをゾルゲに命じたのであった。

一九三八年十月以降、東京でリュシコフの尋問を行うドイツ国防軍の特使が来日した。ロシア語が巧みな防諜部のグライリンク大佐であった。同大佐は数週間東京に滞在してリュシコフ尋問を行い、その結果を整理してタイプライターで打ち「リュシコフ・ドイツ特使会見報告及び関係情報」と題する数一〇〇ページの報告書にまとめた。

この報告書のコピーは、ショルを通じてゾルゲの手に渡った。報告書はソ連におけるスターリン粛清の実態、とくにトハチェフスキー、ヤキール、ウポレビチら赤軍首脳部に対する粛清から始まり、極東における赤軍の配置や編成、兵の装備状況、軍事暗号無線など、仔細にわたるものであった。ゾルゲから情報を入手したモスクワは時を移さず、極東軍管区における赤軍兵力配置の改編や軍事暗号無線の変更を行い、このためリュシコフ亡命による打撃を未然に防ぐことができた。

このように、ゾルゲはドイツ大使と親交を結び、マスコミ専従の非公式大使館員として、ドイツの同盟国の戦略的動向に関する情報をも取得できるまでになっていた。

張鼓峰とノモンハンで、日ソ両軍が武力衝突

第二次大戦前夜、日ソ間で起きた歴史的事件の一つに、国境線を巡る武力衝突があった。満（中）ソ国境に位置する張鼓峰は、頂上からウラジオストクが一望できる高さ一九〇メートルの小高い山。一九三八年七月、日本軍が「満州国」に代わってその領有権を主張して、戦端を開き、張鼓峰と近郊の沙草峰を一時占拠した。だが、八月には赤軍の反撃に会い、日本軍は撤退した。日本では「張鼓峰事件」と呼ばれるが、ロシア名は「ハサン湖事件」である。

次いで翌一九三九年、日本では「ノモンハン事件」、ロシア名は「ハルヒンゴル事件」が発生した。モンゴルは以前、（中国領内にある内モンゴルに対して）外モンゴルと呼ばれ、一九二一年に独立した。このため、中蒙間に国境ができ、国境線が未確定の個所がいくつかあった。ノモンハンはその一つであった。一九三二年に日本の傀儡《かいらい》国家「満州国」が成立すると、そこに新しい「満蒙国境」ができて、両者が国境線を争う紛争の地となったのである。

ノモンハンは満州語。内蒙古ハイラル以南二〇〇キロ、貝尓湖（ロシア名　ブイル・ヌウル湖）に流入するハルハ河（ハルヒンゴル）以東一〇キロの地を指す。モンゴル側がハルハ河を領河、その東岸近辺を自国の領土とみなしたのに対し、「満州国」側はハルハ河の中間線を国境線とした。このため紛争が絶えず、一九三九年五月、局地戦争に発展した。

当時、米英は自国の権益を第一に考えて、ドイツを東（ソ連）へけしかけるべく、ドイツに対して宥和《ゆうわ》政策をとっていた。一九三八年、独・伊・英・仏四カ国首脳によるミュンヘン会談、東京での宇垣外相とクレーギー英大使との日英会談などはいずれもそのためのもので、ソ連に対抗したものであった。このため、日ソ関係は緊張の度を深め、辺境問題のほか、日本官憲の黙認したロシア白衛軍の天津ソ連総領事館襲撃（一九三七年八月一日）、東支鉄道最終分割金の日本による支払い拒否など、事件が相次いだ。張鼓峰事件とノモンハン事件は、これらに続く軍事挑発事件であった。

ノモンハンの緒戦では、双方の軍事力はほぼ拮抗《きっこう》。最終的な決戦は八月に持ち込まれた。赤軍はジューコフ将軍（六月着任）の指揮下、八月までに五七〇〇〇の兵力を終結、戦車四九八両、装甲車三八五両、大砲五四二門、さらに戦闘機・爆撃機五一五機を投入、兵力火力ともに、関東軍をはるかに上回った。関東軍は東京の大本営とも意見の一致がなく、決戦を前に戦力温存のため安岡戦車部隊が戦場から撤退するなど、足並みがまったくそろわなかった。

ノモンハン戦に関しては、ラムゼイが入手した第一報は、宮城与徳が関東軍将校の肖像画を描

いているときに得たものとされた。(『ゾルゲ事件関係外国語文献翻訳集』第九号)

ラムゼイはまた戦地のルポ記者として、現地を取材したブケリチと宮城与徳から得た情報を基にして、関東軍が八月二十四日に総攻撃に出ることを通報、「後腐れなく日本軍を叩くよう」進言したことも、ノモンハンにおける赤軍の勝利につながった。赤軍は先手を打って、四日前の八月二〇日に総反撃に出たからだ。

後述するが、一九六四年ゾルゲの名誉回復を図ったGRU、NKVO(内部人民委員)のソ連党中央宛特別案件審査報告書は、当時、価値ある情報源としてゾルゲによる「一九三六年前半ならびに一九三九年中頃(ノモンハン戦)の、ソ満国境での関東軍の軍事的挑発の理由と性格、一九三七年の日中戦争勃発と、これに関連した日本軍の展開」を列挙した。(『国際スパイ・ゾルゲの世界戦争と革命』)

NKVOの幹部だったスドプラートフものちにこれに触れ、「ノモンハン事件のときのゾルゲ情報はとくに重要だった。なぜならば満州の軍事情報について、モスクワは正しい情報を持っていなかったからだ」と述べた。(『ゾルゲ事件関係外国語文献翻訳集』第九号)

対戦相手の戦力を軽視した関東軍は、結局、ノモンハンで大敗、一七〇〇〇人の死傷者を出し、主力の第二三師団(小松原師団)は壊滅してしまった。ジューコフは回想録で、次のように書いている。

「ソ蒙軍の頑強な抵抗と日本軍全精鋭の前例のない壊滅は、当時の日本支配層をしてソ連軍の戦闘力、とりわけその精神力に対する見方を変えさせるに至った」

一九三九年九月八日からモスクワで、モロトフ首相と東郷茂徳駐ソ日本大使との停戦交渉が始まり、一六日に停戦協定が結ばれた。日満は最終的にはモンゴルの主張する国境線を受け入れた。ノモンハンは今もモンゴル領内にある。

関東軍司令官植田謙吉大将は敗北の責任をとって辞任、代わって梅津美治郎中将が就任した。

関東軍が惨敗した事実は、日本では軍部によって隠蔽された。実戦に参加した将校は、敗北の責任をとらされて自決。兵隊は太平洋戦争の南方の激戦地に送られてその多くが戦死した。こうして、ノモンハン事件での敗戦の事実はあたかも忘れ去られたかのようであった。しかし、日本軍の敗戦は到底、隠しおおせるものではなかった。時間の経過につれて、徐々に人々の知るところとなった。とくに戦後、「ノモンハンの狂気」として、大量の関連図書が出回ったことが、大きかった。元外務事務次官の法眼晋作著『第二次大戦時の日本外交の内幕』の中の「日本軍　ノモンハンにて大敗す」（中国語版）には、次のくだりがある。（大意）

> 一九三九年九月、日本軍はジューコフ将軍指揮下のソ連軍と交戦、ソ連軍が戦車と火炎放射器を擁するため、実力において圧倒的に優勢で、日本軍は大敗、大量の死傷者を出すに至った。この事件を通じて、相手の悪かったのに気付いた日本陸軍はいらいソ連に対してすっかり怖気《おじけ》づき、戦意を完全に失った。こうして北進論は大きく後退、長期化した日中戦

争の活路を日本は南進に求め、ついに米英と対決する。

ノモンハン事件と「満州情報班」の対日撹乱・破壊工作

マスコミもまた、自国民にノモンハン事件の敗北の真実を伝えるため、少なからぬ役割を果した。二〇〇五年十一月十一日付『朝日新聞』（大阪本社発行）に掲載された次の投稿は、その良い例であろう。筆者は九〇歳になる、大阪在住のノモンハン事件参戦兵士の数少ない生き残りの一人である。

ノモンハン事件と言っても知る人が少なくなってきたが、昭和十四年五月から九月にかけて、中国東北部とモンゴル国境付近で日本軍とソ連軍が戦った局地戦である。私はノモンハンの生き残りの老兵である。主力の二三師団はほとんど壊滅した。わが連隊では連隊長が軍旗を焼却して、拳銃で自決した。私の喉には今も弾痕が残っている。（最後の突撃で）壕を出たところで約三〇メートルの距離から撃ったソ連兵の銃弾が貫通したあとだ。文字通り九死に一生を得た。多くの戦友が自決したり、戦死したりした。

戦友らは靖国神社にまつられている。私はお参りしたいが抵抗がある。戦中でも戦争反対と思っていた人々はいた。そんな中、軍は国民を欺き、数百万の若者を戦場に送り、国土を焦土と化した。国民を誘導したのは東京裁判で戦犯と呼ばれた人々である。捕虜となる前に自決せよ、と教えた戦争指導者の中には戦犯にとわれて自決に失敗した者もいる。武人として最も恥ずべきことである。彼らが起こした戦争で、戦死した英霊とともに彼らが祀られているということは、まことに奇妙なことではないか。戦犯は祀ること自体がおかしい。靖国神社から分祀《ぶんし》していただきたい。

日満軍とソ蒙軍がノモンハン地区で死闘を尽くしていた八月二十三日。ドイツが突如ソ連と不可侵条約を締結した。ソ連とノモンハン戦争を戦っていた日本にとっては、正に寝耳に水。自分では最早、事態の激変に対応できないことを知った首相平沼騏一郎は、無念やるかたない口振りで「欧州の天地は複雑怪奇なる新情勢を生じた」との台詞を発して、政権を放棄してしまった。一九三六年十一月、日本と「防共協定」を結んだのに、ヒトラーは日本に何の相談もせずにこの挙に出たのだ。もっとも、外相松岡洋右もこの数年後の一九四一年四月、独ソ戦の開始を前に何のことわりもなしに突然、ソ連と中立条約を締結、ドイツ外相リッベントロップを窮地に追い込んでしまったのだから、正に相子《あいこ》と言えよう。これもファシストと軍国主義者に共通する、馴れ合い演技の一つなのかも知れない。

諜報の世界で、ノモンハン事件とも関わりがあったのは、日本統治下の満州（中国東北と華北地方）で活躍した「満州情報班」の対日撹乱・破壊工作だ。

一九三一年、日本による中国東北地方の軍事的な制圧と「満州国」の成立という新しい局面に対処するため、赤軍参謀本部はモスクワ郊外七キロのメイジシに諜報総局（ＧＲＵ）の息のかかった軍事情報学校（のちウラジオストクに分校）を設立、外国人情報幹部の育成に務めた。学生は主にドイツ、ポーランド、日本、朝鮮、モンゴル、それに中国からの若者たちだった。彼らは政治科目のほか、爆破学、化学、ゲリラ戦術など六ヵ月の特訓を受けたあと、国元に送り帰され、軍事情報の取得や日本・ドイツ軍事施設の破壊工作に携わった。上海でゾルゲの秘書を務めたルート・ウェルナーも、その後上海からやってきてこの特殊学校に学び、任地として満州に派遣された諜報員の一人であった。

　情報組に関連して、一九三九年四月十六日、国防相ウォロシーロフと内務相ベリヤは連名で、ハバロフスク地区、沿海地方とチタ州につぎの内容の指示を与えた。なお、密電で発したこの指示は今日まで保存された唯一の歴史的文書という。

「傀儡《かいらい》国家満州国内のパルチザン部隊を充分に利用かつその拡大・強化をはかるため、彼らがわが方に、武器、弾薬、食糧、医薬品の提供を求め、あるいは作戦の指揮を依頼してきた場合、第一、第二独立赤旗集団はこれに協力しなければならない。同時にソ連在留中の中国パルチザンの中から、優秀な隊員を選び、小分隊に分けて『満州国』へ送り込み情報の収集や戦闘の指揮に当たらせる。軍事委員会は専門にこれを任務とする」（ロシア『独立新聞』二〇〇六年一月二十日付）

　この指示に基いて、第二独立赤旗集団司令官のカニョフ将軍（のちに元帥）と軍事委員会委員兼政治委員ビリューコフが、同年五月三十日、ハバロフスクで、在ソ北満抗日連合軍総司令長官の趙尚志と会見、上記モスクワからの指示を伝えるとともに、今後の活動について協議を重ねた。会談後、趙尚志《ツァオサンツー》は中国東北部へ向った。一九三九年七月、ノモンハン戦たけなわの頃のことである。

「満州情報班」は東北抗日義勇軍・連合軍と連携

GRUが指導する満州情報組織は第一班と第二班とに分けられ、彼らが動き出すのはちょうど一九三五年前後で、時期的にワートンの跡を継いだ形だ。第一班の中国人責任者は楊奠坤《ヤンテエンクン》、張《ツァン》逸仙《イーシエン》、第二班は紀守先《チーソウシエン》、黄振林《ホワンツエンリン》。大連へは趙国文《ツァオクオウエン》が派遣された。ゾルゲの上司P・A・ボロビチがGRUの長として上海にやってくるのが、一九三六年四月。ほかにもこれと前後して、イワノフ、A・バウエルが情報班の指揮に当たったとされる。

満州情報班は文字通り、ソ連に接する地の利を活かして武器や弾薬を調達、日本軍の大後方——東北・華北地方の軍事施設を目標に、捨て身の戦法で熾烈なゲリラ戦を展開、飛行場の爆破、軍用倉庫への放火、鉄道施設の破壊などを行い、辺鄙な山村を根城とする中国共産党指導下の東北抗日義勇軍、抗日連合軍とも連係をとり、一体となって闘い、「天下無敵」と自称する関東軍やその他の日本派遣軍を戦々恐々とさせた。

趙国文率いる大連組「放火団」だけでも、一九三五年九月から四〇年五月までの五年間に、五七ヵ所の大型軍用倉庫や施設を破壊・爆破した。一九四一年二月六日付『満州日日新聞』による

朱徳総司令とスメドレー。1936年前後、延安にて（写真提供＝cnsphoto）

延安入りしたギュンター・シュタイン（後列中央）と毛沢東（後列右）（写真提供＝cnsphoto）

と、それは大小一〇〇ヵ所余におよび、被害金額は当時の日本円で二〇〇〇万円に相当した。これを一九三八年当時の為替レートで換算すると、一袋二五キロの小麦粉一〇〇〇万袋になる。これに天津、青島両地での「戦果」を加味すると、被害金額は優に五〇〇〇万円になるとされる。

満州情報班の闘いは単に、ソ連の支援を受け、ソ連を守るための闘いだけではなかった。それはまた侵略者に対する民族の怒りでもあり、独立と解放を闘い取るための正義の闘いでもあった。彼らが命がけで闘ったのも、こうした自覚があったからだ。

「奉天組」組長のルート・ウェルナーは晩年の回想録『ソーニャのレポート』第三章で、彼女自身の体験をもとに、五〇キロもの火薬用硝酸アンモニュームを抗日パルチザン部隊に送り届けた経緯を克明に描いた。彼女はのちに、自作の小説『ある少女』で、一外国人女性と中国パルチザン隊員の愛の物語を主軸に、抗日戦時代の満州の人々の生き様、闘いを如実に再現した。この小説はベストセラーとなり、当時の東ドイツで一五版を重ねた。

因みに、満州には当時、趙尚志、周保中《ツォウパオツウン》の率いる東北抗日連合軍が第一、二、三路軍を編成して遊撃戦を展開、関東軍の度重なる「討伐」に対抗、彼らに予想外の重い代価を払わせた。武器・兵員ともに劣る彼らの闘いは、凄絶をきわめ、第一路軍の総司令の楊靖宇は戦死した。一九四〇年を境に、抗日連合軍は一時期、後方の極東シベリアに撤退を余儀なくされた。

果敢な闘いによって大きな戦果を上げたとはいえ、満州情報班も少なからぬ犠牲を払わされた。関東軍憲兵も防諜機関も、彼らのいう「満州国際工作班」の摘発に血眼になっていたのだ。

一九四一年二月六日、先の『満州日日新聞』は「抗日謀略放火破壊団大検挙」の見出しで、満州情報団の逮捕・投獄の模様を伝えた。第二班の紀守先、黄振林、趙国文、秋世顕《チュウスーシエン》、鄒玉升《ツォウユィスン》、孫玉成《スウンユイツォン》ら愛国の志士たちが拘束されたのだ。もとより死を覚悟しての闘いだけに、彼らは敢然と敵と立ち向い、インタナショナルと民族解放の歌を次々に歌って、絞首台の露と消えた。満州情報班の歴史は、正に悲壮の歴史そのものであり、数々の戦功の裏には、若い「特工隊員」の鮮血が流されていたのだ。

第九章　独ソ戦の警鐘と日本「南進」の予告

諜報戦史上に残るゾルゲの世紀の功績

ノモンハン戦争の停戦を間近に控えた一九三九年九月一日、ドイツが宣戦布告することなくポーランドを侵攻、その二日後にポーランドの同盟国の英国、フランスがドイツに宣戦を布告、ここに第二次世界大戦が始まった。ドイツ軍の侵攻は素早く、ヒトラーはその前にすでにオーストリアとチェコスロバキアを占領していた。翌年四月にはノルウェー、デンマーク、五月にはオランダ、ベルギー、ルクセンブルクを落とし、次いでフランスにも侵入、半月後には数十万の英仏連合軍を欧州大陸から追い落とした。そして、同年九月独・日・伊三国同盟を締結すると、ヒトラーは極秘裏に対ソ戦の準備を始めた。

早くから語り継がれてきたように、第二次世界大戦中、ゾルゲ（ラムゼイ）による独ソ戦の警鐘、日本「南進」の予告、さらに太平洋戦争の予測は、諜報戦史上に残る世紀の功績として謳われ、反ファシズム大戦の勝利につながった重要な要素の一つとされた。

一九四一年六月二十二日未明、ヒトラー率いるドイツ第三帝国は独ソ不可侵条約を一方的に破

スターリンと松岡洋右。モスクワ・クレムリンで　1941年４月

棄して、ソ連に奇襲攻撃をかけた。対ソ侵攻計画「バルバロッサ作戦」の実施である。不意を突かれたソ連は緒戦で惨敗、大量の国土と人的・物的資源を失い、戦略的後退を余儀なくされた。開戦四ヵ月後に、ドイツ軍は早くも首都モスクワに迫っていた。ロシアにおける「大祖国防衛戦争」の開始である。

緒戦で喫した惨敗の原因に、ヒトラーの不意打ちがよく挙げられるが、スターリンをはじめとする赤軍統帥部の情勢判断と分析にも誤りがあったことは、今日では明らかだ。締結わずか二年足らずの独ソ不可侵条約が、ヒトラーにとっては一片の紙切れ・死文でしかなく、遅かれ早かれ打って出るのをスターリンは百も承知していた。彼の落度は、ロシア人のいうように、ナチス・ドイツが英国を征服した後でなければ、矛先を自分に向けることはないとの一点に、固執したところにあった。兵家の忌避とする「二正面作戦」に挑むはずはない、とスターリンは踏んだのだ。加えて、当のソ連も戦争に備えるにはなお時間を必要とし、できるだけ先に延ばしたかった。モロトフによれば、「あと一、二年の余裕はどうしても欲しかった」というのが、本音であった。

スターリンの考えに理がなかったわけではない。しかし、現実は残酷であった。彼の予想と期待は見事に外れ、戦争が始まった。ヒトラーはスターリンの裏の裏をかいたのだ。戦術からすれば、「バルバロッサ作戦」は成功したといえた。

バルバロッサ作戦は数百人のドイツ参謀将校が長時間、精魂を傾けて作成した極秘の対ソ攻撃計画であった。一九四〇年夏頃から準備され、同年十二月十八日にヒトラーが正式認可、「指令二一号」として発せられた。それは翌四一年五月十五日までに対ソ攻撃準備を完了すべく、対英作戦終了以前にも、対ソ戦に打って出る含みを持っていた。イデオロギー面からソ連を敵視したほか、ヒトラーは戦略上、ソ連を除かないことには、全欧州を真に支配し、覇権を確立することができない、と考えていた。

俗にいうように「火は紙では包めない」ので、四一年春頃から、ドイツの対ソ作戦情報が同盟国の米国からも英国からも、また、自国の諜報機関からも間断なくクレムリンとスターリンの元に届けられた。公平にいって、東京のラムゼイからの情報が一番早く、信憑性《しんぴょうせい》も高かったのはまぎれもない事実だった。

ドイツ、対ソ侵攻作戦の準備に入る。

日付は一九四〇年十一月十八日。ドイツ侵攻の七ヵ月前。ヒトラーによる「バルバロッサ作戦計画」の正式認可の一ヵ月前。一九四〇年十二月十八日、ゾルゲは次の暗号電報をモスクワに発信した。

目下、ドイツ人はルーマニアを含む東部辺境地帯に八〇個師団の兵を集結させたが、それはソ連の政策に圧力を加えるためのものだ。

ドイツから日本にやってきた軍人たちの話によると、ドイツ人はハリコフ―モスクワ―レニングラードの線に沿って進めば、ソ連の領土を占領できると思っている。

枢軸国の戦備体制を刻一刻モスクワへ通報

以来、ラムゼイは枢軸国の戦備体制を刻一刻、モスクワに伝えている。このなかには、松岡洋右日本外相のベルリン訪問（一九四一年三月　西園寺公一も随員として同行）、リッベントロップ（独外相）との会談、対ソ戦への勧誘なども含まれていた。駐日ドイツ大使オットも、松岡のベルリン訪問に同行していた。

一九四一年五月中頃、ゾルゲの旧友ショル大佐が赴任先のバンコックへ向う途中、東京に立ち寄った。彼はオット大使にベルリンの密命を伝えたあと、ゾルゲにも密かに次の内容を打ち明けた。

独ソ戦でとるべき必要不可欠の処置はすでに確定した。ドイツ軍は六月二十日に攻撃を開始する。延期されても、二、三日の違いだ。開戦の準備はすべて完了した。ドイツ軍の装備は精良だ。すでに一七〇ないし一九〇個師団が東部戦線に集結した。このなかには機械化師団も含まれている。攻撃は全線に渡って行われ、主力はモスクワとレニングラードをめざし、そののちウクライナに向けられる。開戦に当たっては、最後通牒も出さず、宣戦布告もしない。赤軍は崩壊し、ソビエト政権は二ヵ月以内に倒れよう。

五月三十日、ラムゼイはオットの話として、次の暗号電報をモスクワに発信した。

ベルリンは駐日大使オットに、ドイツの対ソ進攻が六月下半期に開始する旨伝えた。最大の打撃はドイツ軍の左翼から加えられよう。

オット大使は戦端が間もなく開かれるものと確信している。彼は大使館付武官にいかなる重要情報をもソ連領を通じて送信しないよう命じた。

東京滞在のドイツ空軍技術者は、ドイツへ帰るべく指令を受け取った。

この電文からも、ラムゼイがドイツ軍の動向、逼迫《ひっぱく》する対ソ戦の時間、兵力配置、進攻方向などをかなり的確に把えていたことが分る。しかし、情報を収集することと、後方にあってそれをどう受け止め、実際に生かせるかどうかは全くの別問題であった。

前述のように、スターリンはヒトラーが直ちに対ソ戦に入る可能性を頭から否定、さらには自分の判断に反する情報を離間・挑発のための攪乱情報と決めてかかった。ゾルゲからの情報も、例外ではなかった。ましてやゾルゲは仮想敵国ドイツ人の血統。加えて、二〇年代は政敵ブハーリン配下の「無定見者」で、トロツキストとも交際があったとされた経歴の主（ソ連内務省保管のゾルゲ・アルヒーフより）。しかも、ゾルゲの直接の上司、軍諜報部長のベルジンもウリツキーもすでに粛清され、海外諜報員の大半は任地から召喚されて、スパイ容疑で銃殺された。ゾルゲに対しても、二重三重スパイの疑惑が、消えなかった。

当時は権力が高度に集中した個人崇拝の時代。正しくスターリン一人の頭で物事を考え、判断し結論を出したのだ。しかも、それは絶対的だった。周囲の人たちは、素直にそれを受け入れ、鵜呑みにする以外に方法はなかった。

これが当時の風潮だった。こうした風潮は必然的に戦備への怠慢、警戒心の喪失、軍指揮系統の混乱にもつながり、その結果として、赤軍の緒戦の惨敗を招き、不必要な犠牲を払わされる羽目になったのであった。ちなみに、四年にわたる大祖国防衛戦争中、ドイツ軍の捕虜となったソ連軍捕虜は、計五七五万人、うち三八〇万人が最初の数ヵ月でドイツ軍の包囲にあって、捕えられた。

偽情報、攪乱情報は確かにあった。しかし、それはゾルゲが発信したものではなかった。話がやや逸《そ》れるが、近年、ロシア対外情報局が公開した秘密文書によると、独ソ戦前夜の一九四〇年秋頃から、ドイツはクレムリン向けに大量の攪乱情報を流し始めたという。これに先立ち、ドイツ対外諜報局、参謀本部、外務省、宣伝部の関係者からなる「リッベントロップ委員会」が発足、帝国安全総局高官のルドルフ・リクスがその長に推された。彼はまずソ連の対外諜報員を捜すことから、仕事を始めた。リクスは難なくこの種の男を見つけた。ベルリンのソ連大使館一等書記官アマヤク・コブーロフという男である。

ベリヤの片腕として鳴らしたコブーロフの実弟

アマヤク・コブーロフはベリヤの片腕として、鳴らしたボグダン・コブーロフの実弟。ウクライナ内務人民委員部（ＮＫＶＤ）次官を務め、四〇年夏以降国家保安人民委員部（ＮＫＧＢ）の対外諜報部門を担当した。三〇年代に数度にわたったスターリン大粛清で幹部が不足した頃のことである。彼は元会計士で、諜報工作の経験もなく、ドイツ語もできなかったが、人一倍見栄っ張りで功名心が強く、アルコールで勢い付くと「私の報告書はスターリンの机の上に並べられている」と豪語してはばからなかった。諜報戦の最前線ベルリンに着いて間もなく、外交官の彼は無謀にも、日中公然とソ連軍事諜報機関「赤のカペラ」指導者のレオポルド・トレッペルを引見するなど、ゲシュタポ（ドイツ国家秘密警察）の一時の粗忽《そこつ》によって大事には至らなかったが、諜報組織の安全確保の基本的ルール違反も甚だしいものだった。

モスクワの厳しい批判を尻目に、コブーロフは今度は独力で諜報を入手する振る舞いに及んだ。それから間もなく彼は、モスクワにいるラトビア人がリッベントロップに近い筋からの情報を提供する用意のあることを伝えた。男の名はオレスト・ベルリンスク。当時『リガ新聞』のベルリン特派員であった。

モスクワの秘密ファイルには、彼について「一九一三年、リガで生まれる。ラトビア、ロシア、ドイツ、フランス語に堪能。身長一七五センチ。快活、社交的性格でドイツ外務省高官やドイツ、フランスのジャーナリストと広く交際」と報告されていた。コブーロフが白羽の矢を立てたこの男は、実はリクスが送り込んだスパイだった。当のベルリンスクは「共産党のシンパ」を装い、コブーロフに協力を約束した。協力とはいっても有料で、最初は月二〇〇マルク、半年後には五〇〇マルク、一〇〇〇マルクに引き上げられた。これはベルリンスクに寄せるモスクワの信頼の厚さを示すことになったが、モスクワが実際に受け取ったのは、ドイツ側が意図的に流す虚実入り交じった情報だった。

ドイツの撹乱情報を編集したドイツ外相

ドイツの撹乱情報はまず、外相リッベントロップが自ら「編集」、ヒトラーが加筆したあとリクスに渡され、さらにベルリンスクからコブーロフに伝えられた。「ドイツが二正面作戦に応じるはずはない」、「ヒトラーは対ソ戦の冒険など考えてはいない」、「ポーランドに集結したドイツ軍の攻撃目標は英国」、「ドイツの食料備蓄は、すでに底を突いた」などなど、すべてスターリンと数人の側近に伝えられた。ちなみに、当時、こうした情報は電気掃除機のように下から上へ吸い上げられる仕組みで、途中、専門家が分析、不純物を取り除くこともなく、スターリンと彼の側近が情報の真偽を判断、取捨選択したのだ。スターリンがある一つの情報に固執した場合、側近といえども、それをチェックもしくは匡正《きょうせい》することは至難の業だった。体制のもたらす盲点・欠陥である。ソ連人民委員会議議長（首相）時代のモロトフも、「毎日、半日は情報集を読むのに費やしていた」とぐちるほどだった。(『モロトフ秘録』)
ドイツ・帝国安全総局に操られた、ベルリンスクの正体が明らかになるのは戦後のこと。ソ連の捕虜となった同局の高官、ゲシュタポのミラーが謀略の全貌を暴露したからだ。ベルリンスクは独ソ戦勃発とともに、リクスの差し金でスウェーデンに渡り、ドイツ降伏後米国に亡命、以来消息を断った。当のコブーロフは「リッベントロップ委員会」の主犯格として、ソ連当局によって逮捕・投獄、一九五三年末に死刑に処された。

こうして戦争が現実に起こり、ゾルゲの情報に狂いのないことが示された。独ソ戦勃発直後の六月二十三日と二十六日、ゾルゲは二回モスクワからの新しい指令を受け取った。

東京宛
一九四一年六月二十三日
ドイツの対ソ戦争に関して、日本政府の立場についての情報を報告されたし。

東京宛
一九四一年六月二十六日
ソ連とドイツの戦争に関して、わが国について日本政府がどんな決定を下したか報告されたし。我が国の国境への日本軍の移動についても報告されたし。

シベリア出兵以来のロシアの「仮想敵国・日本」

クレムリンの関心事が、日本がこの機に乗じて極東シベリアからソ連の背後に打って出るかどうかであることは、文面から明らかだ。

十月革命以来、シベリア出兵にも見るように、ロシア（ソ連）にとって、日本は常に「仮想敵国」であった。その日本が中国の東北地方に傀儡《かいらい》国家「満州国」をつくり、ノモンハン事件を引き起こした。独ソ戦に対して、日本がどう出るか、ソ連は神経を尖らせずにはいなかった。

「北進」か「南進」か。これは日本軍国主義にとっても一つの賭けであった。北進ならドイツと歩調を合わせてソ連を挟撃することになり、勝利の暁には極東を制圧、富饒《ふぎょう》な地下資源を押さえると同時に、反ソ反共の政治目標も達成できようというもの。一方、南進なら東南アジアと南太平洋地域を占拠、石油や天然ゴムなど同地の戦略物資を獲得できるが、これは米・英と対決することを意味した。この戦略的選択をめぐって、日本の支配層は意見が分かれた。外相松岡と陸軍の一部が極力北進を主張したのに対し、東条英機をはじめとする陸軍首脳部と海軍はまず南進して、「日本の生存に関わる」資源問題を解決すべきだと主張した。

尾崎、ゾルゲらは日本の戦略的意図に立って、その国策を分析、次の結論を引き出した。つまり、「三ヵ月で中国を降す」（近衛首相）と豪語して開始した対中全面戦争は、大幅に狂い、見通しも立たないまま、すでに四年の歳月が過ぎていた。軍事的にも経済的にも、日本には同時に米・英・ソを相手に戦うだけの力はなかった。いかんせん日本は資源がない。このため、日本は武力に訴えてでも、資源問題の解決が必要であった。この場合、厳寒のシベリアには資源があっても地下に眠ったままだ。これに比べれば、東南アジアのインドネシア、マレーシア、フィリピンなど亜熱帯地域の諸国は、資源を豊富に蔵しているばかりか、石油・ゴムのような戦略的物資が直ぐにでも手に入れることが可能だ。したがって、短期間に日本がソ連に攻め入る可能性は低く、日本の次なる目標は北ではなく南になる。

しかし、これはあくまでもラムゼイの推測で、日本政府当局の最高指導者の最終的な国策決定を探知して初めて分ることなのだ。

独ソ開戦前の一九四〇年、尾崎秀実は二度中国を視察、中西功と会っている。このとき尾崎は内閣嘱託は辞めていたが、依然として近衛公爵を取り巻くブレーンの集まりである「朝飯会」のメンバーであり、日本の国策会社、南満州鉄道（満鉄）の高級嘱託でもあった。中共上海情報科の中西は尾崎の紹介で一九三九年満鉄に入り、当時満鉄上海事務所にいた。彼は間もなく中国問題の権威としてその能力を買われ、「支那派遣軍司令部」の顧問をも兼任した。中西はまた満鉄の主宰する「支那抗戦力調査会」の実質的な責任者でもあった。満鉄の高級嘱託として、尾崎もこの会合にはたびたび顔を出した。

尾崎は中国大陸に関する見聞から、日本が完全に大陸戦場の泥沼にはまり込んだのを知っていた。ドイツの調停による蒋介石との和平工作、すなわち「トラウトマン調停」（一九三八年）は失敗。にっちもさっちも行かなくなった近衛は、一九三九年一月政権を投げ出した。そうした中で、軍部がいまいちばん欲している情報は、中国の抗戦力が一体どれほどのものか、それはいつまで続くのかということだった。この調査・研究に当たって、中西は毛沢東の『持久戦論』を万遍なく何回も読み返したという。

中西が最終的に取りまとめた「支那抗戦力調査」報告は、大陸問題解決の方略として、武力一辺倒は至難の業で、政治的解決以外にないことを強調した。報告書の起草に加わった満鉄調査部員具島兼三郎（戦後、九州大学教授）によると、彼らが実際に得た結論は、日本軍は中国から撤退する以外に道がないというものだった。大陸戦場の実態視察や中西との密談など、いずれも尾崎が日本の国策を考え、自らの判断を下すのに欠かせない第一義的意味合いのあるものだった。

中西の思い出によると、一九四一年に上海で行われた「支那抗戦力調査委員会」第三回（最終回）会議には、尾崎も東京から駆け付けて参加した。この際も二人は長時間話し合った。最後に尾崎が言った。

「もう君は東京に来てはいけないよ。警視庁が君をマークしている。その上にぼくの身辺も最近どうも変なんだ。もう会えないかもしれないね。それで、とにかくお互いに連絡しあう方法を決めておこう。ぼくがきみに知らせる場合はと、電報による暗号を取り決めたうえ、『しかし、われわれはすでに大きな仕事をしたよ。もう天下の大勢は決っている。あとは命のあるかぎり働くだけだ』」尾崎はこう言ったあと、二人して老酒《らおちゅう》で乾杯した。

日本の「南進」情報をゾルゲに教えた尾崎秀実

「日本は北進ではなく南進する」この情報を最初にラムゼイにもたらしたのは、尾崎秀実だった。独ソ戦開始前後、尾崎は二つの情報に注目した。一つは六月十九日の大本営・政府連絡会議の決定で、数日後に控える独ソ戦勃発を知らされた当局は、それへの対応として、「中立方針」を打ち出したこと。この情報は尾崎の親友西園寺公一《さいおんじきんかず》から入手した。もう一つは、独ソ開戦二日目の六月二十三日、陸海軍首脳部会議で決った「南北統一作戦」、つまり南部仏印進駐と対ソ攻撃のための兵力拡充である。この情報は、朝日新聞東京本社政治経済部長田中慎次郎から入手した。尾崎はこの二つの事項から、間もなく開催予定の御前会議の決定、すなわち「要綱」を次のように想定している。

「七月二日の御前会議に於いては、日本が南部仏印に進駐すると共に、独・ソに対しては中立を守るが、独ソ戦の進展に伴うソ連内部動揺等起り得べき如何なる事態にも応ぜらるる様、北方に対する態勢も整える。そのためには大動員を行い南部仏印及び満州国に増兵を行う。一方、対米交渉も継続する」

御前会議が終って、二、三日後、尾崎は西園寺公一に会って、この「要綱」の推定内容を直接ぶつけてみた。尾崎の探りに対して、西園寺はとくに異論を唱えなかった。尾崎は「これで御前会議の決定事項の確認ができた」と、確信を持った。彼はこれを宮城与徳に伝える一方、麻布・永坂町のゾルゲ宅を訪ねて、自分の判断を伝えた。

ゾルゲがすぐさま日本の国家機密情報をモスクワへ通報したことは、いうまでもない。

御前会議で決定を見た「情報ノ推移ニ伴ウ帝国国策要綱」は、前文で自存自衛のため「南方進出ノ歩ヲ進メ、又情勢ノ推移ニ応ジ北方問題ヲ解決ス」と述べて、南北両面に備えるとし、次いで南方に関しては、既定の諸方策に従って「南方進出ノ態勢ヲ強化ス」として南部仏印占領を決め、このためには「対英米戦ヲ辞セズ」とした。「要綱」は独ソ戦に関しては、次のように記している。

「独ソ戦ニ対シテハ三国枢軸ノ精神ヲ基調トスルモ、暫クコレニ介入スルコトナク、密カニ対ソ武力的準備ヲ整エ、自主的ニ対処ス。コノ間モトヨリ周密ナル用意ヲ以テ外交交渉ヲ行ウ。独ソ戦ノ推移帝国ノタメ有利ニ進展セバ、武力ヲ行使シテ北方問題ヲ解決シ北辺の安定ヲ確保ス」

つまり、独ソ戦については、当分、不介入の立場をとり、状況が日本に有利に進展した場合、対ソ戦に参加する、としたのである。

尾崎の先の分析・判断が正鵠《せいこく》を得たもので、ほぼこれに近いものであることが分かる。

なお、会議はノモンハン事件にも触れ、天皇がソ連に対しては慎重を期し、不用意にことを運ぶことがないよう、軍部に注意を促したとされた。また、秘密裏に予備軍を一〇〇万募って軍隊を拡充すべく決定した。ちなみに、この決定に基いて関東軍は未曾有の大動員を行い、同年七月下旬から八月にかけての「関東軍特種大演習」（関特演）までには、満州に総兵力七〇万を動員して北に備えた。

ちなみに、当時チチハル駐在のある日本の憲兵の記録によると、この間、関東軍は熱気にあふれ、「いよいよ、ソ連をやっつけられるぞ」「ソ連をウラル山脈で東西に分割し、西はドイツ、東は日本帝国がとる」「いや、ドイツは欲張りだからウラルのこっちまで来るかもしれない」といった話が、ちまたで交わされたという。（『ある憲兵の記録』）

もちろん、当時の新聞は上記の内容には触れず、「本日御前会議において、現下の情勢に対処すべき重要国策の決定をみたり」と発表しただけで、一般国民には具体的な内容は全く知らされなかった。

ゾルゲによると、御前会議の国策決定は、しばらくして松岡外相からオット大使にもたらされ、オットからさらにゾルゲに知らされたという。しかし、この時点では、まだ日本が北進ではなく南進に決まったとは言い切れなかった。そのためにはなお時間の推移と、事態の進展を見守る必要があった。

ドイツはオット駐日大使を通じて日本の参戦を要請

ソ連との戦端を開くと同時に、ドイツはオット大使を通じて、日本の参戦を要請してきた。ドイツが戦果を過分に誇示して、モスクワを二カ月以内に落すとか、六週間で赤軍を叩きのめすとか喧伝、バスに乗り遅れないよう日本に迫ったのだ。しかし、日本は慎重を期し、また、ノモンハン事件の敗北の教訓もあって、軍部もおいそれとはドイツの誘いかけに乗らなかった。そうこうするうちに七月十六日、松岡洋右が外相を更迭されて、代って海軍大将豊田貞次郎が外相のポストについた。

八月初め、ゾルゲは尾崎の情報に基いて、次の暗号電報をモスクワに送った。

戦略物資の欠乏が日本の対ソ戦を牽制している。オットー（尾崎）の示す日本の石油の備蓄量は民間が二万トン、陸軍が二万トン、海軍が八万トン。資源の乏しい日本が戦争を拡大するには、まず資源問題を優先的に解決しなければならない。東南アジアはこの石油を豊富に蔵している。従って、日本の次なる目標は北ではなく南になろう

日本は七月二十八日、先の決定に従って南部仏印に「進駐」、米国との矛盾を激化させた。米国が報復処置として、在米日本資産を凍結、八月には対日石油輸出を完全に禁止した。英国とオ

ランダがこれに続いた。日米関係はさらに悪化、交渉は難航した。

関東軍特種演習（関特演）期間中の八月二十二日から二十三日に、関東軍首脳部は秘密裏に上京、陸軍首脳と会合を持った。ここで北進しないこと、つまりソ連を攻撃しないことが決った。西園寺公一はいち早く、この決定を海軍軍務局の藤井茂中佐から耳打ちされた。同じく会議の内容を聞き込んでいた尾崎は、ある日、西園寺にそれを確かめている。次は西園寺の思い出である。


藤井中佐から「中止」したことを聞いたのは八月下旬で場所は首相官邸だ。定例の昼食会の前に、二人きりになったときだった。「北のほうはどうなった」というと、「決まったよ」といい、後は「やらん、やらん」という調子だった。このことは、この日の昼食会でも出たと思う。

この二、三日後に満鉄のなかにある「アジア」というレストランで、尾崎と食事をした際、この話が出た。彼は既に、軍の首脳会議があったことは知っていて、「決まったらしいね」というので「やらないほうにね」というと、今度は「そうらしいね」と答えた、会話はこれでおしまいだよ。

僕と尾崎の間では、この程度の会話は普通だよ。

彼は内閣嘱託だし、このレベルの「機密」は、いずれ知ることができた。むしろ、知らなくては嘱託の職務を果せないだろう。

それはともかく、そうした会話があったことは事実だよ。これを尾崎がどう利用したかは、知らないけどね。(『過ぎ去りし、昭和』)

西園寺公一はこのほかにも国家機密を漏洩したとして、のちに「ゾルゲ事件」で逮捕され、懲役一年六ヵ月（執行猶予二年）の刑に処せられた。

同年九月六日、今年二度目の御前会議が開かれ、対米開戦をも辞さぬとする「帝国国策遂行要綱」が採決された。尾崎秀実は帝国ホテルのバーでゾルゲと落ち合い、自分の記憶を拠り所に、次のようにその要点を述べている。

日本の南進政策はもはや不変。日米交渉については、十月末をめどに、米国が日本側の要求を入れない場合は、米・英・蘭との戦備に入る。「大津」つまりハバロフスク進攻計画と「関特演」は先送りされた。（Ю・コロリコフ著『彼には秘密は存在しなかった――リヒアルト・ゾルゲ』）

極東ソ連軍二六個師団が西部戦線へ投入される

尾崎はまた宮城の話ととして、日本海軍が近く南シナ海に向うことを伝えた。

一九四一年十月四日、ゾルゲはこの件でモスクワ宛に最後の情報を送ったが、それは先の分析・情報をも含めて世界諜報史上稀にみる典範の一つに数えられるものであった。

「一九四一年九月十五日以降に、ソ連極東地域は安全と考えてよいであろう。日本からの脅威が排除されたからだ。ライゼム」（M・コレスニコワ、M・コレスニコフ共著『リヒアルト・ゾルゲ』モスクワ）

（訳注）内容から見て、上記の電文は、九月十四日のものと判断される。なお、ゾルゲのコード名ラムゼイは一九四一年の後半からインソンに変えられた。以下、二通の電文を参考に掲げる。

【九月十四日付（入電No.一八〇五四）】

情報源のインベスト（尾崎秀実）が満州に出かけている。今年中にはソ連を攻撃しないことを、日本政府は決定したけれども、来春までにソ連が敗北した場合に予想される来春の攻撃に備えて、軍は満州に留まることになると、彼は言った。

九月十五日以後は、ソ連は完全に—（判読不能）解放されるだろうと、インベストが指摘した。

情報源のインタリ（宮城与徳）の報告によると、北に向かう予定の第一四歩兵師団の大隊の一つが、東京の近衛師団の兵舎に引きとめられているそうである。

ウォロシーロフ（ロシア共和国沿海地方南西部の都市。現在のウスリースク）地区の国境から届けられている将校や兵士の手紙から、彼らが牡丹江地方に引っ張り出されていることが分かる。

No.八六　インソン

【一〇月四日付（入電No.一九六八一・一〇六八二）】

インベストが鉄道（南満州鉄道）から知ったところでは、この二ヵ月間に約四〇万の兵力が到着し、すでに駐屯していた兵力を含めて、関東軍の兵力は七〇万に達した。本年中は対ソ戦争を行わないという決意のために、二、三、の部隊が日本に帰った。その一例は、宇都宮第一四師団の一連隊が東京に到着したことである。他の新たに到着した部隊は前線から引き下げられ、大連・奉天（現在の瀋陽）に新しく建てられた種々のタイプの兵舎に配置されている。主力は今なお、ウォロシーロフとウラジオストクに向けて東部国境に集結している。

鉄道は先月、チチハル―アムール線のウシュムン駅対岸、鷗浦（オオヌ。黒河の北北西三〇〇キロに位置する町）に至る秘密道路と連絡線の建設を命ぜられた。独ソ戦の進展によって、明年三月頃に対ソ攻撃を開始することが許されるならば、、その地域を攻撃基地として利用できるようにするためである。中国北部から満州国への兵力の移動は―トラックによるもの以外には―ない。

動員開始の最初の週に、関東軍は赤軍にたいする攻撃準備として、シベリア鉄道接収要員三〇〇〇人を提供するよう鉄道に命令した。その数は後に、一五〇〇に減らされ、軍は現在、輸送組織運営委員として僅か五〇人を要求しているにすぎない。鉄道（満鉄）は、この動き

を対ソ攻撃がしばらく停止された決定的な証拠と解している。　№九五・九六　インソン

今度はモスクワから折り返しゾルゲに回答があった。

皆さんの実りある仕事に感謝する。あなたとあなたのグループの東京での協力は円満に終ったものと考える。

（訳注）このことについては、ゾルゲやクラウゼンが尋問調書で言及しているが、この種の電文は確認できなかった。

ゾルゲの提供した数々の有力情報をもとに、スターリンはシベリアから極東ソ連軍二六個師団を引き抜いて西部戦線に回し、うち一〇個師団をモスクワ攻防戦に投入、一挙にドイツの三八個師団を殲滅《せんめつ》して、戦況に転機をもたらし、戦争の行方を大きく変えたと、されている。

ゾルゲの東京生活を支えた石井花子の回想

一九四一年十月四日は、ゾルゲの四十六歳の誕生日に当たった。仕事が終ったあと、彼は東京・有楽町駅前で、石井花子と落ち合い、数寄屋橋近辺のドイツ料理店ローマイヤーで食事を共にした。もう六年の恋仲であった。しかし、結婚はしていなかった。ゾルゲには、モスクワに残

東京の自宅でくつろくゾルゲ

してきたロシア人妻エカテリーナ（愛称カーチャ）・マクシーモワがいたからだ。

石井花子（三宅華子）はゾルゲの愛人、「日本人妻」として六年来、陰に陽に彼の生活を支えてきた。しかし、彼女はラムゼイ機関のメンバーではなかった。花子の身の安全を案じたゾルゲが、それを許さなかったからだ。そんな二人に、今宵が最後の別れになろうとは、夢にも思わなかったに違いない。

石井花子がゾルゲに出会ったのは、一九三五年。この運命の日を、彼女は次のように回想している。


西銀座五丁目、酒場・ラインゴールドに私はウェイトレスとして働いていた。ここの主人はケテルといってドイツ人。店は午前一〇時から開店され、直輸入のドイツビールとドイツ料理を出す、レストラン兼用の酒場だった。客は日本人、外人半々で、各国大公使館員、商人、旅行者、日本の知識人、芸術家、軍人などいろいろだった。女たちはＡＢＣのドイツ名前（花子はアグネス）で呼ばれ、チップ制度で働いていたが、収入は月一五〇円程度で、まちまちの私生活を持っていろいろに暮らしていた。…このころ、店には犬養健氏や星島二郎氏もときどき飲みに来ていた。

…十月になった。ある晩―それは確か十月四日の晩であった。その夜こそ私の生涯を決定する序幕となったのであるが…。

わたしは見知らぬ中年の外人客を受け持った。わたしが呼ばれたときに、客は表の部屋のバーに近いボックスに腰掛けて、パパ（ケテル）と何かしきりに話していた。…客はきっとドイツ人なのであろう。ドイツ語でパパと話していた。

わたしは注文の酒を客の前におくと、補助椅子を運んでテーブルのわきに腰をおろした。彼の顔は浅黒く、栗色の巻き毛だった。秀でた額や高い鼻はたくましく強く、眉尻は上がっていた。瞳は青く、愁わし気でもあったが、相手を直視して話す眼光は、迫力があった。口は表情に富んでいて豊かで、顎から首筋へかけていかにも強靭で精悍だった。濃いグレーの背広に紺無地のネクタイをして、装いはおとなしく地味だったが、広い肩幅から両腕へがっちりした体格であることがうかがわれた。彼はまもなくわたしの方を見てニッコリ笑い、何か話しながらシャンパンを注文した。パパも笑いながらわたしの方を見て、

「アグネス、この人ね、きょう四〇年に成りました。誕生日です」

と言った。客はうなずきながら、

「そうです、そうです」

とやっと日本語で言った。シャンパンを抜いて、おめでとうを言いながら三人で飲んだ。客は首をかしげてわたしをじっと見て、

「あなた、アグネスですか？」

「ハイ、そうです」

「私、ゾルゲです」

彼は手を差しのべた。わたしは彼の大きな手を握りながら、強い顔に似合わぬやさしい温かい彼の音声にちょっとおどろいた。声そのものはいくらかしわがれていて、決して美しいテノールでもバリトンでもなかったが、静かな落ち着いた物腰といい、言葉の表情といい、確かに深い教養のある人を思わせた。ひとの音声ほどその人間を表すものはない。…


「アグネス、あなたの年はいくつですか?」

彼は英語で話しかけてきた。


「二十三歳です」

わたしがドイツ語で答えると、彼はニッコリ笑ってうなずいた。…わたしはこのとき数年二十五歳であったが店ではいつも二十三歳だと言っていた…店は電蓄が鳴り、唄う客あり、酔っ払った客ありで、賑やかだったが、彼はただ静かに杯を重ねるだけだった。こうした態度は別段並はずれたものではなかったが、ときどき私の顔をまじまじと見るので、無口なわたしは困りもし、多少遠慮で窮屈だった。…客はドイツ語や英語で熱心にわたしに話しかけてきた。わたしにわかったことは、

「きょう、わたしはうれしいです」とか「アグネス、あなた何が好きですか?わたしあなたに何かプレゼントがしたいです」とかいうことだけだった。わたしは音楽が好きだったので、

「プレゼントしてくださるなら、レコードをくださない」

と言うと彼はよろしいとうなずき、

「明日いっしょに買いに行きましょう」

と言って手帳を出して、場所と時間を記し、忘れないでゼヒやって来るようにと、念を押した。…

翌日、わたしは午後から銀座へ出て、約束の時間に楽器店（三越デパートの向かいの山野楽器店）へ行った。（石井花子著『人間ゾルゲ』勁草書房）

初対面の日から六年が過ぎた。一九四一年十月の別離の日のことを石井花子は回想している。

…わたしはゾルゲとローマイヤー（東京・銀座数寄屋橋のレストラン）で会った。彼はレストランに入るなり辺りに目をくばり、怒ったような顔をしていた。そして、私の腕をとっていった。

「バーのそば、よくないです。きっとあっちいいです。どうぞ、いらっしゃい」

と言って、中央のテーブルへ腰をおろした。

「みや子（ゾルゲはお手伝いさんから花子が「三宅さん」と言われるのを聞いて「ミヤコ」が本名だと思い、二人の間での呼称とした）、きょうたくさんポリスいます。あなた恐ろしい？」

と、ゾルゲは聞いた。わたしは、いいえ、と頭を振って返事した。ゾルゲは潤んだ目で、じっとわたしを凝視めていた。…カクテルを飲みながら、ゾルゲは聞いた。

—（略）ゾルゲは石井花子の兄の近況を聞き出し、中国との戦争やら日米交渉やら、日々新聞をにぎわす出来事について話した。—

「そうです。わたし思います、日本、ドイツと同じ、アウゲンブリック・クリーク（電撃戦）やるでしょう。戦争いつでもカケヒキであす」「そうですそうです。戦争のことだれもほんとうわからない。ほんとう知るむつかしいです。あなた美味しい？そう、わたしいしょ美味しいです。あなた、ゾルゲいつでも同じです。もう飲みたくない？そう、外で話します。どうぞ」

わたしは外に出て待っていた。ゾルゲはすぐやって来た。

「きょう、あなたとわたしいっしょ危ない思います。ポリス見ます。よくない。あなた、ママさん家へ帰りなさい。あとで、ゾルゲ大丈夫！思いますなら、電報打ちます。わかりますか。あなたママさんいっしょ淋しくない？」

「あなた淋しくない？」

「わたし淋しくても大丈夫！そう、あなた帰ります。ママさんどうぞよろしく」

わたしは彼の手を握って別れた。ゾルゲは大股に歩いて行った。私は五、六歩あゆみ、ふと、あわてふりかえって見たが、ゾルゲの姿はもはや、どこにも見えず、夕闇せまる街角に消え去っていた。

そして、再びゾルゲはわたしのもとに、帰って来なかった…。（前掲書）

無縁墓地の遺骨を探し当て、ゾルゲの墓を建立

ゾルゲは彼女のもとから去った。しかし、まだこれで二人の縁が切れたわけではなかった。当時は誰も知る由がなかったが、日本人妻の石井花子には取り残された仕事——戦後荒れ果てた無縁墓地からゾルゲの遺骨を拾い、墓石を建て、そして彼の名誉回復と復権を求める仕事が待ち受けていたのだ。わけても東京麻布の狸穴《まみあな》にソ連代表部を尋ねて死者の名誉回復を求めた際は、一体誰を相手どっての行為なのか、恐らく当の石井花子でさえ判然としなかったに違いない。

だが、それはいずれ誰かがなさねばならない仕事でもあったのだ。

岡山・倉敷に生まれ育った石井花子が、生活の糧を求めて上京したのは、一九三三年二十二歳のときであった。そして間もなく、ゾルゲとの宿命的な出会いがあった。

革命と戦争を生き抜いたゾルゲとは違い、そもそも家庭からして革命とは無縁のはずの石井花子、その彼女を「反戦・平和」の闘いに駆り立てたもの、それはなんだっただろうか？　花子が愛人として妻としてゾルゲに尽くし、また、戦友・同志として彼を支えたように、ゾルゲもまた、彼女を時代の先端を行く、激動の世紀の申し子の一人に育て上げたといえないだろうか。同じことは、ブケリチと結ばれた山崎淑子についてもいえよう。でも、これは後の話である。

ゾルゲが日本に来て早くも八年。それは諜報員にとって、余りにも長い年月であった。

この間、日本の防諜機関も惰眠を貪っていたわけではなかった。一九三九年辺りから、彼らは東京の上空を飛び交う奇怪な電波を傍受するようになった。それは初めは西に（上海方面）、のちに北に（ウラジオストク方面）向って発信された。日本側の統計によると、この奇怪な電波の発信回数は一九三九年六〇回、四〇年同じく六〇回、四一年十月半ばまでには二一一回を記録した。しかし、その内容を彼らは解読するまでには至らなかった。

どの国の「スパイ」か特定こそできなかったものの、ゾルゲもラムゼイ機関の他の主要人物も、早くから警察にマークされていた。彼らはまた、コミンテルンの一部の指示が中継地米国経由で、日本にもたらされる情報をもキャッチし、米国帰りの日本人に対する監視を強めていた。

ゾルゲはこのころすでに任務をほぼ完了、「ソ連へ引き揚げるか、新しい任地に向うか」モスクワの指示を待っていたが、日本の防諜機関の包囲網は徐々にせばめられて、危険はつねにゾルゲと隣り合わせにあった。

無線技師のクラウゼンは一九四一年十月一七日夜の出来事について、次のように回想している。

（一九四一年）十月一七日晩七時、私はゾルゲの見舞いに行きました。彼はカゼを引いて数日休んでいたのです。ついでに仕事の話もするつもりでした。私がゾルゲの家に着いたとき、すでにブケリチが来ていて、二人は酒を酌み交わしていました。私も持参の清酒を開けて、一緒に飲みました。うっとうしい気分でいっぱいでした。尾崎と宮城は約束の一六日にも一七日にも顔を見せなかったが、どうしたのだろう。私たちは繰り返し考えました。「ジョーとオットーが来なかったのは、警察にしょっぴかれたからなのかも知れない」。ゾルゲが真剣な顔をして言った。（孫喬編『ルビャンカのアルヒーフ（公文書保管所）―KGBの興亡史』甘粛文化出版社）

ゾルゲはこの日、はじめて「オットー」が尾崎、「ジョー」が宮城の暗号名であることをクラウゼンとブケリチに打ち明けた。ちなみに、ゾルゲの暗号名はラムゼイまたはウィックス、クラウゼンはフリッツ、ブケリチはジゴロ、ギュンター・シュタインはグスタフ、オット大使はアンナ、このほか、モスクワの暗号名はミュンヘン、ウラジオストクはウィスバーデンだった。

翌十八日、まずクラウゼン、ついでブケリチ、そして最後にゾルゲが検挙された。二〇日前の九月二十八日には、宮城の助手北林ともが、十月十日には宮城が、十三日には九津見房子と秋山幸治が逮捕された。関東軍の退役下士官小代好信は一九四二年三月、大陸で憲兵によって検挙された。

尾崎秀実は十月十五日（一九四一年）、目黒の自宅で逮捕された。

水野成は十月十七日勤め先の坂本記念館で、「満州日日新聞」の上海支局長河村好雄は一九四二年三月上海で、天津中国研究所所長船越寿雄は同年一月天津でそれぞれ検挙された。

ゾルゲ事件関連のほかの逮捕者は、数一〇人にのぼった。そのなかにはマクス・クラゼンの妻アンナ・クラウゼン、医師安田徳太郎、都新聞社政治部記者菊地八郎、英国経済学者ジョージ・サントス、『ニューヨーク・タイムズ』紙日本駐在記者オットト・デリシャス、外務省嘱託西園寺公一、衆議院議員犬養健らが含まれていた。『ニューヨーク・ヘラルド・トリビューン』紙特派員ジョセフ・ニューマンは、休暇のためハワイへ出発し、一足違いで逮捕を免れた。

ゾルゲ諜報団検挙に先立って、ロイター通信記者ジェームス・コックスはスパイ容疑で逮捕され、激しい拷問に耐えかねて、東京憲兵隊本部の取調室の窓から謎の飛び降り自殺（一九四〇年七月二十九日）をした。

第十章　中共上海情報科と「中共諜報団事件」

中国革命の原点のひとつとなった中共情報活動

ゾルゲ事件を取り調べるなかで、防諜機関の特高たちが不審に思ったことが一つある。「ラムゼイ機関」にはソ連人、ドイツ人、日本人、ユーゴスラビア人、フランス人、朝鮮人、イギリス人、アメリカ人、フィンランド人が程度は異なるもののさまざまな形で関わっているのに、唯一、中国人がいないことである。

「これはおかしい？」彼らは眉をひそめた。

蔣介石の特務組織――藍衣社《らんいしゃ》、のちの「軍統」（「軍事委員会調査統計局」の略称）、「中統」（「国民党中央組織部調査統計局」の略称）なら、知る人ぞ知るで、彼らも多少知識があるが、「中共は？」ともなると、まったく白紙同然だったのだ。

この中共にも独自の情報組織─特科があり、日本留学組の王学文のように上海の東亜同文書院の学生たちを革命へ、と導いた地下情報工作者がいることを彼らが知ったのは、太平洋戦争勃発以降のことという。

中共の情報活動は、中国革命の転換点のひとつともなった一九二七年の「四・一二」クーデター前後にまで遡《さかのぼ》る。この年、軍隊を掌握した蔣介石が革命を裏切り、矛先を共産党に向けたのだ。先にも述べたように、このため、白色テロの荒れ狂う上海にあった中共中央は、敵の弾圧に抗して自己の生存を計るべく、相手の遣り口にならって、仕返しをする原則に立って、革命の情報活動を展開するが、これがそもそもの事の始まりだった。

上海情報科の前身は「中央特科」。この「中央特科」は、中国版「チェカー」で、一九二八年に周恩来によって設立され、以来終始その指導下にあった。「中央特科」は中共中央指導部の安全と防衛のほか、「情報の収集と把握、裏切り者の討伐、逮捕された同志の救出、秘密無線機の設置」などを任務とした。地下秘密工作者として、銭壮飛、李克農、胡底《フウティ》らすぐれた工作者を多数輩出した。

抗日戦争が始まり、第二次国共合作が成ると、情勢の変化に伴って「特科」は「情報科」として、発展的に生まれ変わり、もっぱら対日戦略情報の偵察と収集に当たった。

この上海情報科の最初の責任者は金鵬《チンポン》で、日本人の中共党員で特科のメンバー中西功、西里竜夫らと常に連絡を取り合っていた。先に述べたように、日本の同志・戦友たちは当時、中共江蘇省委員の王学文（一九三七年にはすでに延安に活動場所を移していた）が、一九二〇年代末から一九三〇年代初頭にかけて、上海で育てた反ファシズム・国際主義の戦士たちであった。

潘漢年は今回、党中央の委託で再度情報活動に戻り、金鵬の仕事を引き継いだのだった。

話をゾルゲ事件に戻して、ゾルゲの尋問に当たった特高刑事の一人、大橋秀雄はある日、さり気ない顔で尋ねた。

「あなたは上海に数年間住んだのでしょう？　上海は中共の巣窟だそうだが…」

この大橋も中共に疎《うと》かった。その意を汲んでか、ゾルゲは言葉を選びながら、ゆっくり答えた。

「あなたは、私と接触のあった人たち、今回、あなたたちが逮捕した人たちを含めてだが、彼らを私の同志と思い込んでいるようだが、それはとんでもない話だ！私の得た情報は、誰かが提供したのだと思っているのでしょう！そうじゃない。情報の六〇パーセントは、ドイツ大使館から私が得たものだ。それも社交の場で彼らが何気なく漏らしたものばかりだ」

中共については、大橋はゾルゲから何も得ることがなかった。前回同様、ゾルゲはあらゆる「罪」を自分一人でひっかぶろうとしていたのだ。尾崎を取り調べた際も同様、何ら得るところがなかった。

電報「西へ行け」の発信人は白川次郎

一九四一年初冬、ゾルゲ事件が発生して間もない頃、上海の南満州鉄道（満鉄）調査部に勤務していた中西功のもとへ、東京から不思議な電報が一通届いた。それも唯の一言だった。

「西へ行け」

発信人の名は白川次郎。その言葉は、危険が迫っているので、抗日根拠地の延安へすみやかに撤退するように督促する、一種の暗号であった。尾崎秀実は白川次郎のペンネームでスメドレーの『大地の娘』を日本語に翻訳し出版していた。上海の中西はまだそれについては聞かされていなかった。しかし、この種の電報を送ることができる人物が尾崎であることは、中西にはおおかた見当が付いていていた。

特高がゾルゲ諜報団を検挙したことは、当時、まだ公表されていなかった。中西功にもそうした情報は入っていなかった。近衛内閣が倒れたニュースはラジオで聞いて知っていたが、その内幕までは知らずじまいだった。

政局の重大局面についてなら、普通、尾崎からすぐ通報がくるはずなのだが、今回は梨の礫《つぶて》だった。八月に大連で会ったとき、彼は一言もこれには触れなかった。

中西はひとまず電報の件を、上海情報科連絡員の程和生《ツェンホースン》に報告した。程和生はそれを上司の呉紀光に告げた。このときの上海情報科のトップは、新任間もない別名「小開」と名乗る潘漢年であった。

潘漢年は江蘇省宜興県の出身で、一九〇六年生れ。一九二五年、一九歳のとき革命運動に参加。翌年の一九二六年、中国共産党に入党している。前記のように古参「チェカー」指導者の一人で、長征にも参加している。彼はまた中共の使者（一九三五―三六）として陳雲とともにモスクワをも訪れ、西安事件の際は国民党との裏工作に徹した。一九三九年延安で、新設間もない中央社会部（中央の調査・情報機関）の副部長に任命されている。

呉紀光《ウーチークウァン》から先の電報について報告を受けた後、潘漢年は口を噤《つぐ》んだまま、しばらく考え込んだ。外国の戦友・同志に関わることだけに、とくに慎重を期したのだ。ついに次のように言った。「日本軍の戦略動向を探り掌握すること。これは私たちの最重要任務だ。…延安は、日本軍が南進するのか北進するのかを、私たちが全力を挙げて探るよう要求している。…ドイツがソ連に侵攻した後、党中央は世界情勢の広い視野に立って、中国の抗戦が直面するさまざまな困難を想定した。毛主席は日本が果して南進するのか北進するのかに着目し、非常に気を使っていた。彼は、『もし日本が北進すれば、中国の抗日戦争は一層長引き、状況も一層困難を極めよう』と私に語った。英国・米国が日本と妥協するだろうからだ。毛主席はさらに、『このような局面が現れたら、共産主義の大本営と全世界・全人類は、一時期とはいえ苦しい日々を送ることとなろう』とも語った。ご覧のように、情勢は非常に厳しい。現時点で日本が南進することは、ほぼ明らかになった。次に中央は、彼等がいつ戦争に入るか、その時期を知りたがっていた。これを知ることとは世界の反ファシズム闘争にさらに明確な戦略的情報を提供することになる。こうした事態に直面した場合、君ならどう動くかね？」

中西が西に向かうべきかどうかについては、潘漢年はすぐには答えを出せなかった。

「これは慎重に考えないと…」

夜通し考えたのだろう、翌日会ったとき、潘漢年はきっぱりと次のように言った。

「彼を西に向かわせるのではなく、反対に、彼がいまのポストに留まり、必要とあらば、東へでも行ってもらうのだ」

何事も大局的見地に立って考えるのが、潘漢年の一貫した思想的な態度であった。そして何よりも理路整然、彼は考えが敏捷というだけでなく、物事の全体像を把握することに長《た》けていた。この種の決定が大きな危険を伴うのを、彼が知らないはずはない。しかし、潘は中西が堅固な意志の持ち主であり、豊かな経験と見識を有し、複雑な闘いのなかに身を置いても、臨機応変それに対処して、勝機を掴む知恵と能力があるのを知っていた。その上、東へ向かうことは相手の計略の裏をかく戦術ともいえた。ゾルゲ事件が表面に出てくると、日本人は中国占領区に目を向けてくるに違いない。中西功と尾崎秀実は同じ仲間であり、腹を割って話せる仲でもある。それならいっそのこと、相手の意表をついて、反対の道を歩んだ方が得策ではないだろうか?灯台もと暗しと言うではないか。つまり彼等の目先で、孫悟空のように牛魔王の腹の中に潜り込んで闘いを続けた方が、あるいはより安全なのかも知れない。

「尾崎逮捕」の不思議な予感

上海情報科に報告すると同時に、中西は当時、同盟通信の南京駐在記者西里竜夫とも相談した。この電報は中西一人にだけではなく、西里竜夫、尾崎庄太郎、白井行幸ら「日支闘争同盟」時代の古い仲間たちに発せられた警報でもあったからだ。事の顛末《てんまつ》を聞いた西里は、口をへの字にしてきっぱり言った。

「不吉な予感がする。尾崎君はもうぱくられたのでは?」

もし尾崎秀実がすでに逮捕されていたのなら、中西にも西里にもその危険が迫っているに違いない。しかし、彼等は戦友が生命を賭してでも、自分たちを守り庇《かば》ってくれるのを信じて疑わなかった。

「合法的に東京へ行って様子を見た上で、西へ行くかどうかを決める」という中西の大胆な判断に対して、西里は「もう少し考えさせてくれ」と一言いっただけだった。長年の付き合いから、中西ならできるとは思っても、一歩踏み誤れば敵の手中に落ち兼ねないだけに、このたびは一段と慎重を期したのであった。

一九四一年十一月初め、中西功は組織の決定に基づき、上海の日清波止場から長崎行きの連絡船で東京を目指した。情況が不明のままでは「撤退」しようにもできない。この点では中西も潘漢年も考えは一致していた。その上、日本の南進戦略の確かな情報、太平洋戦争の戦略的配置や日程などを探る必要もあった。

尾崎にさえ会えれば、すべてが難無く解決できるに違いない。東京に着くや否や、彼は早速尾崎の家に電話を入れてみた。だが、何度ダイヤルを回しても、応答がない。あるいは電話機を取り外したのだろうか?次いで、中西は旧友の水野成に電話をした。応答に出たのは、女だった。

「どちら様でしょうか?」

「水野さんをお願いします」

しばらくして、男の太い声に替わった。

「君は誰かね？」

「僕の声が分らないかね？」

「いまちょっと風邪気味でね。君は誰だね？」

男はスッポンのように食い下がってきた。

「叔父の彦三郎だ。召集で南方の島へ行くところだ。しばらく会えんだろうから、元気でな…」

中西は受話器を置いた。男は水野ではない。それが中西の直感だった。水野なら、自分の声を聞いたとたんに喜びを隠さず、すぐおどけた調子で答を返すはずだ。それも女のような仕草でだ。

「あたしの声がわからなくて？」上海の東亜同文書院以来の通話の習慣で、こうした応対の仕方はのちに暗号のひとつにまでなっていた。だが、電話に出た男の口振りは、水野家の人間とは思われない。中西は知る由もなかったのだが、実は水野成はこのときすでに、獄につながれていたのだ。

中西はもう一人別の人間のダイヤルを回した。浜津良勝ならとっくに東京に戻っているはずだ。

「浜津さんをお願いします」

「浜津良勝かね？」

丁寧に聞き返してくる。

「何か御用でも？」

「友人のものですが、長らくお会いしていませんので…」

普通なら、自分から先に名乗るべきなのだが、事情が事情だけに、それができない。

「それなら警視庁へ行くんだね」

相手は電話を切った。中西は立ち尽くしたまま茫然とした。もう、これ以上疑う余地はなかった。彼らは全員逮捕されたのだ。西里の予感は、不幸にも的中した。もはや、中西に残されたのは、慎重に行動することしかなかった。

彼は早速、南進に向けての部隊の移動など具体的配置を探るべく、仕事にとりかかった。これまでの古い人間関係が断たれた以上、すべてを初めからやり直さねばならなかった。中西は軍の報道部に、佐藤葵二という顔見知りの人がいるのを思い起こした。彼からなら、あるいは少しは知ることができるかも知れない。しかし、軍の報道部で聞かされたのは、彼は部隊について台湾へ向ったということだった。もっとも、考えようによっては、これも一つの情報に違いない。取材記者というのはやたらとニュース源が多く、またそれをひけらかすのが好きな連中もいる。彼らの口から、中西は中国南方に駐屯する皇軍が、台湾に集結しつつあることを知った。

これは部隊がいずれ南方へ向かうことを意味する。中国東北部で「関特演」に参加した部隊も輸送船で南下し、一部は小笠原諸島へ向い、一部は仏領インドシナ東岸へ直行したとのことだ。南進作戦はこれで大方決ったことになるが、では開戦は何時になるのか？

中西はよっぽど運が強い人なのだろう。ある日彼は東京のど真ん中で、佐藤葵二とばったり出会ったのだ。台湾から帰還してきたばかりの佐藤は、顔が日焼けしてどす黒く、鼻の下に髭を蓄えていた。握手をかわすと、中西が先に切り出した。

「台湾はどうでした？　いつ始まるんだね？」

意表を突くこの問いに、佐藤は一瞬、返答に窮したようだった。突然、中西が満鉄調査部の友人で軍の事情に詳しい人であるのを思い起こしたのか、さり気なく淡々と答えた。

瀬戸内海に集結する海軍の艦艇

「まだだ。談判の結果が出るまで、待たなければ。ドイツ駐在の来栖大使が野村特使の助手としてワシントンに向かっている。難航する日米交渉の最終期日は十一月末。つまり十一月三十日と期限付きだ。内部消息だが、妥結の見込みはほとんどない。海軍の艦艇はすでに瀬戸内海に集結している。私もそこへ行きたかったが、許可が下りなかった。それで今日また台湾へ戻るのだ」

「君には勲章を授けるべきだ！まあ、頑張ってくれ！」

二人は握手を交わして別れたが、中西は今日のこの意外な収穫に興奮していた。佐藤の話は具体的で、情況も大方これで摑めた。残るのはその裏付けを取るだけで、それは上海へ戻ってからでも間に合う。こうなったら、長居は無用。今すぐにでも戻ることだ。

彼がホテルに帰ると、使用人がいった。

「お留守のとき、旦那様にお電話がございました」

「誰からかね？」

「お名前はおっしゃいませんでしたが、唯、西の方に行くように言っておられました。私が西の何処かと尋ねましたら、あなた様に言えばお分かりになります、と申しておりました」

中西は内心びっくりしたが、「あっ、そう。有難う」とひとまず礼を言って、自分の部屋に向った。部屋に入るなり、中西は考え込んだ。もしや電話の主は電報の発信者と同一人物では？ならば、彼は一体どういう人物なのか？どうして私が来たことを知っているのか？東京へ来て数日が経つが、どうしてまた私に会いに来ないのか？不可解な疑問が次から次へと湧いてきた。

何か不都合なことでもあるのか？あるいは、彼が誰であるかを、私に知られたくないのでは？いずれにせよ、これらすべては、尾崎秀実が逮捕される前に緻密に按配してくれたものか。あるいは、ある種の地位にある尾崎の友人が、陰から助けているのでは？やることが道にかなえば助けも多いのが世の習い。この種のことは、反戦・反ファシズムの正義のための闘いでは、よくあることだ。電報を送った白川次郎がどんな人かは、もうこれ以上詮索する必要もない。中西はそう、自分に言い聞かせた。

上海に戻ると、中西は早速、満鉄調査部の資料室から『編内参考』、『調査通報』、『軍事通信』、『極秘』など関連の機密文書を取り寄せた。十一月六日付『編内参考』は、日米交渉について次のように記していた。

「来栖大使、今日香港経由で米国へ向け出発。野村特使を助けて米国と談判に入るも、この際わが方の最終譲歩案をつまびらかに述べ、断固甲案に基づいて速やかに協定を結ぶべく要求…日本側の受け入れ可能なる限界を示し、—なお談判は十一月三十日までと限定し、延期することあたわず…」

一方、『帝国陸軍作戦要綱』は、次のように書いている。「一．満州と朝鮮に駐屯せる一六個師団をもってソ連への防備に当てる。二．既定の方針に基づいて引き続き対中作戦を遂行する。三．南方に於いては、十一月末を最後に、対米英戦の準備を強化する」

中西はまた「大東亜戦争の南方に於ける皇軍の部署」から、次の件を書き留めた。

「坂田中将、三個師団、タイ。今村中将、三個師団、マレー。寺内大将、二個師団、香港」

彼は西里竜夫から密書も受け取った。

「中西君へ。近衛が倒れましたが、尾崎君の近況は如何でしたか。心配です。今回の君の出張も安否が問われ、気が気でありませんでした。苦労されたことでしょうが、如何でしたか。少しでもお手伝いができればと思い、前日、総軍（「支那派遣軍総司令部」の略称）主催の関東軍参観団歓迎レセプションで耳にしたことを、ここにご報告いたします。

—関東軍はソ連への防衛に当てた二〇万を除き、ほかすべてを南方へ派遣する。

—海軍の集結・待機海域を択捉《えとろふ》の単冠湾《ひとかっぷわん》とする。

—十一月下旬艦隊出航、東南へ向う。

上記の消息は参観団団長が酒に酔って、不用意に漏らした機密情報です。彼が報道部嘱託の私にお近づきでもなりたかったのか、あるいは軍の機密に明るいことをひけらかしたかったのかは分り兼ねますが、確かな情報であることは受け合いです。ほろ酔い気分の彼でしたが、歯切れも良く、自分を大物のように見せておりました」

「南進作戦」は机上の計画から実際行動へ

中西は東京での見聞、上海満鉄の機密文書、さらに西里の情報の「三つ巴《ともえ》」が相互の裏付けとなることから、「南進作戦」がすでに机上の計画から実際行動に移ったことを知った。東条英機にすれば日米会談はただの煙幕にすぎず、最初から決裂する運命にあった。中国大陸からの撤退を促す米国の要求を、日本側が呑むはずもなかったのだ。最早十一月三十日以降、戦争は避けられない。

おぼろげながら東京で知った「ゾルゲ—尾崎事件」、南進に向けた国策など、中西は呉紀光を通じて潘漢年に伝えてもらった。

ならば、「開戦はいつになるのか？」中西は次のように分析して、結論を述べた。

日米交渉は十一月三十日に期限切れになると同時に、日本は事実上戦闘状態に入り、米国を攻撃、タイ・マレー・フィリッピン・香港など東南アジアに向けて出兵する。

「私の計算ですが、海軍の航行時間や東西の時差をも考慮に入れた場合、日本の対米攻撃は一二月七日が最適かと思われます」。この際、彼は日曜という曜日にこだわっている。

「十二月七日は日付変更線をはさんで東側では、日曜に当たります。いまだに戦争を知らないでいるアメリカ人には、日曜は神様がお決めになった大切な休息日で、政府役人は言うにおよばず、労働者たちも交代で楽しむのが習わしです。攻撃する側にすれば、ヒトラー・ドイツ同様に日本もこの日を見逃すはずがありません」

十二月に入ると、日曜日は十二月一日、次いで七日と十五日……。一日は日米交渉決裂の翌日で、この日の開戦では、それまでの交渉への日本側の誠意が疑われ、面子《めんつ》にも関わるとして、中西はこの日を除外、七日を最良の選択としたのである。

「海軍の一日の石油消費量は四万トン、陸軍は一、二万トン。いままでは、石油は皇軍の血液で、東条は決して貧血症にかかってから戦争を発動するようなことは致しません。日付変更線の東側の七日は、日本時間の八日で、開戦の日をこれより先に延ばすわけにはいかないのです」

呉紀光からの報告に、潘漢年はじっと耳を傾けていた。理路整然、中西のこの分析と判断に、疑いを挟む余地はなかった。「これから先、事態が情報通りに進行しようものなら、これは反ファシズム世界大戦に対する不滅の功績ともなるのだが…」

潘は独り言のようにポツリといった。情報は即座に電波に乗って、延安に向けて発せられた。ときは第二次国共合作の時代。それはまた共産党の秘密工作員を通じて、国民党上層部にも伝えられたのであった。

国民党も独自に軍関係のルートを通じて、真珠湾攻撃の極秘情報を入手していた。二〇〇五年、抗日勝利六〇周年を記念して公開された公文書には、次のように記述されている。

「軍政部（何応欽部長）麾下《きか》の軍用無線班主任池歩洲《ツウブーツォウ》は一九四一年五月以降、日本本土からホノルル総領事館に向けての電波が急増したことに留意、暗号の解読に成功した。池歩洲はその多くが真珠湾に停泊中の米太平洋艦隊に関する情報で、艦隊の数量・装備・位置、ならびに将兵たちの休暇、ハワイの天気などに集中しているのに気付いた。とりわけ平常帰港する艦隊の曜日についての情報提供を再三要求、奥田総領事が『日曜日』と返答した事実に注目した。十二月三日には、大本営からの緊急通達として、総領事館に暗号表や機密文書の即時消却を命じる一方、他方では在米民間人預金の中立国銀行への送金勧告など、ただならぬ気配を見せていた」

長年の経験から、池歩洲は次の二つの推断を下している。一つは開戦の日は日曜日になる可能性が高いこと。もう一つは攻撃先は真珠湾港になる可能性が高いことである。池のこの推断は、部内の上司霍実子を通じて、蒋介石に報告された。

太平洋戦争さなかの一九四三年四月、山本五十六連合艦隊司令長官の搭乗する専用機がラバウル発進後間もなく、待ちかまえていた米戦闘機の迎撃を受け、撃墜された。米国側でも暗号解読によって、山本の行動を察知していたことが分かる。

今日明らかなのは、この情報も池歩洲が日本外務省の「ＬＡ暗号」から割り出したものであったという。ちなみに、池歩洲は一九三〇年代、日本に留学（早稲田大学）、のちに中国大使館武官処に勤務。日中戦争勃発後、日本人妻白浜暁子とともに帰国、重慶で暗号の解読に従事した。なお、池のもたらした情報は、当時重慶にいた中国共産党の秘密党員閻宝航《イエンパオハン》の知るところともなり、周恩来にも伝えられた。（閻明復《イエンミンフー》著「父閻宝航の情報活動」『炎黄春秋』二〇〇五年、第一二期）

前世紀の九〇年代初頭、米国防省情報機関の「国家安全保障局（NSA）」は日本による真珠湾攻撃五〇周年を前に、これまで極秘とされた関係文書を公開した。これによると、米海軍は当初、連合艦隊の動向に関する膨大な暗号電文を傍受しながらもその解読に失敗、事態を予知しえなかったという。

公開された暗号解読報告書『真珠湾攻撃に先立つ日本海軍通信文』は全文一八〇ページ。米海軍が一九四一年九月はじめから真珠湾攻撃三日前の同年十二月四日までに傍受した暗号電文は計二六五八一通、うち一八八通が真珠湾攻撃に関連した。（『朝日新聞』一九九一年十一月二十八日付）

このなかには、「十一月初旬までに戦闘作戦を完了せよ」から「ニイタカヤマニノボレ12・08、繰り返す12・08」までの電文を含み、後者が十二月二日午後五時半、山本五十六連合艦隊司令長官の真珠湾攻撃命令だった。解読に失敗したのは、要員不足のためとされた。

ルーズベルト米大統領をはじめ当時の米政府首脳は最後まで、日本の真珠湾攻撃を予知できなかったとするのが定説になっていた。

「帝国陸海軍ハ八日未明西太平洋ニ於イテ米英軍ト戦闘状態ニ入レリ」

大本営の開戦発表である。こうして一九四一年十二月八日、米国では十二月七日、日本は真珠湾・香港・シンガポールに奇襲攻撃をかけて太平洋戦争を発動、一九三九年に始まる第二次世界大戦はここに新しい段階を迎えたのである。

太平洋戦争の勃発は、中西功の分析・推断、池歩洲の情報が的確であったことを物語っていた。残念なことに、この情報はソ連赤軍が大幅に部隊の配置替えを行ったほかは、米国ではほとんど相手にされず、真剣に扱われなかった。このため、米国は歴史がすでに示すように、真珠湾で大敗を喫したのである。

それはさておき、ゾルゲ・尾崎の逮捕あと、中西功や西里竜夫らがその後を継ぐ形で入手した日本の南進計画、太平洋戦争の予告などの情報は、世界反ファシズム陣営の戦前の戦争準備にピリオドを打つ、画期的な成果となったのであった。

一九四二年、東京での尾崎・ゾルゲ逮捕に次いで、治安当局はついにその捜査・追跡の範囲を上海、南京などの日本軍占領区にまで拡大していった。中西たちにも身の危険が迫っていた。同年三月、上海憲兵隊所属のある友人が中西に一つの貴重な情報をもたらした。北平（北京）憲兵隊司令部が本隊に中西を即刻「秘密逮捕し取り調べる」べく、要求したのだ。その友人は中西に、次のように忠告した。「もし君がほんとにアカとかかわりがあるのならば、悪いことは言わん。彼らが手をつける前に早く隠れることだ。なにを言おうと、しょせん憲兵は憲兵。彼らがいつまでも黙っているはずはない」

特高は執拗に捜査を続けていた。事実、中西自身も思い当たる節《ふし》があった。上海情報科の戦友たちも彼が早急に意を決して「西へ向う」よう促していた。

日米開戦後半年たった五月中頃、「国際諜報団事件」としてゾルゲ事件が公表された。しかし、中西は動かなかった。「もう少し様子を見てから」と、彼は中国の同志を抑えていた。彼は尾崎、水野たちが必ず自分を守ってくれるのを信じて疑わなかったのだ。それにせっかく作り上げた情報網を見捨てることも、忍びなかったのだ。

だが、治安当局、とくに特高は眠ってはいなかった。古くから「死間」と表現されたように、諜報活動はつねに危険を伴い、死と隣り合わせにあった。それは単に安全を期するというだけで済むことではなかった。

ゾルゲ事件で検挙された容疑者は二〇〇余人

この年の六月十六日、中西功は上海駐在「支那派遣軍」第一三軍の高級情報嘱託の「従軍調査員」として杭州に出張中に、急遽上海に呼び戻されて逮捕された。彼を待っていたのは、自称松本と野村という二人の特高であった。中西は間もなく日本へ送還され、ゾルゲ・尾崎らとともに東京拘置所に収監された。

西里竜夫は翌十七日に、南京で逮捕された。北平（北京）の尾崎庄太郎は七月七日、山西省に出張中の「支那派遣軍司令部」付情報科長白井行幸も同日逮捕された。逮捕者はほかに、満鉄張家口経済調査室の新庄憲光、満鉄上海事務所調査室の津金常知、錦州市公署行政股長の浜津良勝、満鉄張家口（包頭）支社の安斎庫治らがいた。

　何ら確固とした証拠もないまま、日本治安当局は南京組を含む上海情報科の程和生、倪之驥《ニーツーチー》、張敏《ツァンミン》（女性）、鄭百千《ツンパイチェン》、程維徳《ツェンウェイトオ》、程鴻鈞《ツェンホンチュン》たち共産党員とそのシンパを逮捕。このうち汪敬遠《ワンチンユアン》、李得森《リートオスン》、陳一峰《ツェンイーフォン》の三人は拘留後、東京へ護送された。呉紀光、張明達《ツァンミンタイ》らは危うく難を逃れたが、上海情報科は一時活動を停止した。これが世にいう「中共諜報団事件」である。なおこの前に特高は東京で、中共の地下工作者汪淑子《ワンスウツー》を逮捕していた。

　日本治安当局の統計によると、一九四二年六月末までに、彼らはゾルゲ事件容疑者を含め、計三〇〇余人を検挙した。

　中国側からの資料の裏付けはないが、「特高月報」によると、日本治安当局が押収したとされる中共中央の秘密文書（一九三一年八月付）に、「在華日本人共産主義者を組織して（諜報）工作をすすめることについての指示」というのがある。特高の取り調べによると、先の指示に基づいて「中共江蘇省委員王学文と反帝同盟の責任者楊柳青《ヤンリュウチン》は、川合貞吉、手島博俊、水野成、中西功、坂巻隆、日高為雄らを選抜して『対日諜報工作訓練班』を設けた」（「中共対日諜報団主要諜報」）とされた。

　さらに興味があるのは、これをもとに中共の特科、のちの情報科が「中共諜報団」と尾崎秀実ら「国際諜報団」（ゾルゲ）の人選と構成についても、それぞれ検討した節《ふし》があることだ。ルート・ウェルナーは『ソーニャのレポート』の中で、当時、上海のゾルゲが彼女の住居をアジトにして、週一回、尾崎や王学文、陳翰笙らと秘密の会合を持ったことについて記しているが、これが事実なら、先の記述もうなずけることであるかも知れない。

このほかに、特高の「中西尋問調書」の表紙には、「昭和十七年（一九四二年）ゾルゲ事件」とあり、背表紙には「ゾルゲ事件中国篇」と書いてあることからも、日本治安当局が「中共諜報団事件」を「ゾルゲ事件」と結びつけて、後者の続篇と看做《みな》していたことが分かる。

東京と上海で「中共諜報団事件」裁判

「中共諜報団」に対する裁判は、東京と上海（江湾　日本・軍事法廷）で相前後して行われた。非公開の予審段階では、中西・西里ら上海情報科所属の日中の戦友たちが例外なく、特高刑事のひどい拷問に遭った。覚悟の上でのこととはいえ、初めての体験だけに、彼らにとっても、それは大きな試練であったに違いない。

特高警察の実態を熟知する中西、西里らはなんら憚《はばか》ることなく、自分が共産主義者であり、中国共産党の党員であることを公然と認めた。侵略戦争に反対し、虐げられた中国民衆を助けるのは、共産主義者としての責務であると自覚していたからにほかならなかった。中共の特科や上海情報科についての特高の尋問には、中西、西里は機密を厳守し、組織を守った。彼らは一歩進んで、法廷を戦争を弾劾し、革命を宣伝する場に変え、人類社会の発達史を説き、マルクス主義の手ほどきをした。

痺《しび》れをきらした検事は、拷問に訴えたが、それも石をかじるようなもので、組織については最後まで彼らの口を割ることができなかった。検事は中西と西里の二人を死刑に処するよう裁判長に求めた。

東京へ連行された上海情報科の三人の中国人も、裁判にかけられた。敵国の法廷を前に、彼らはすこしも怖《お》じけず「眉をよこたえ冷ややかに千夫の指（敵）に対し」（魯迅の詩『自嘲』）敢然と立ち向かった。尋問はまず日本語の分かる汪敬遠から始まった。汪の落ち着いた態度は、最初から特高たちを梃子《てこ》摺《ず》らせた。というのも、外交・法律に詳しい彼は、自分が中国人であり、自分を連行してきたこと自体すでに国際法の違反であり、日本には自分を裁くいかなる法的根拠もないと食い下がったからだ。正攻法である。拷問で脅しを掛けても、汪はひるまず啖呵《たんか》を切った。「閣下、今次の大戦は日本にとって負け戦ですぞ！その時には、一〇倍一〇〇倍にしてお返しできるのですよ！」

太平洋戦争は緒戦を除いて、日本にとって不利な展開となっていた。一九四二年のミッドウェー海戦に次いで、日本は翌年五月にアッツ島で大敗。一九四四年にはサイパン島守備隊三万人が玉砕するなど、敗色が濃くなっていった。加えて、飛来する米爆撃機Ｂ二九からは爆弾の雨…。「チャンコロのくせに、小生意気な…」と責めても、「もし戦争に負けたら」との思いが、検事や判事たちの脳裏を去来したかも知れない。

日本語の分らない李得森は、面と向っては争わず、おとぼけの一手に終始した。ときには言葉少なに当り障りのない受け応えで、時間を費やすようにもした。法廷が決め手になるような証拠を掴んでいないのを見通して下手《したて》に出たのである。彼も自分が党員であることは認めたものの、ただそれだけで、その他は自分とは何ら関わりがないかのように言いくるめた。特高もその手には乗せられなかったようだ。李は拷問に掛けられても、濡れ衣《ぎぬ》だと言い張り、無実を訴えた。

「戦争の基本原則は自己を保存し、敵を消滅することにある」。毛沢東が延安で述べた有名な言葉である。不覚にも敵の手に落ちた彼らが今なし得ること、それは組織を守り、獄外の戦友を守ることであった。そのためには、自分を犠牲にしてでも、いざというときの覚悟ができていた。

中西功の連絡係を務めた共産党員の程和生が連行の途中、上海のメインストリートで突然、車から跳び下りて「自殺」したが、それは上海情報科に通報するためだったのである。

陳一峰に対する尋問も、特高たちを挺子摺《てこず》らせた。ジャーナリスト出身の彼は「無冠の帝王」よろしく、凛《りん》とした姿勢を崩さなかった。刑具を前にしても、彼は怖《お》じけずに敢然と言い放った。

「ここから出て行ったら、必ずお前たち野蛮人の残酷な拷問の数々を、全世界に向けて暴露してやる！その日は間もなく来る！」

革命に身を投じたその日から、覚悟はできていたのだろう。インテリ出身の彼もよくこの種の試練に耐えた。

日本司法当局と傀儡《かいらい》汪兆銘政権の間で「有罪」の合意

汪敬遠、李得森、陳一峰から有罪の決め手になる証拠も、供述も取れなかった検事らは、裁判所と申し合わせて、三人を未決囚として、長期収監した。

他方、上海・江湾軍事法廷での裁判も、進行していた。裁判の過程で、日本司法当局と傀儡《かいらい》汪兆銘政権との間ですでに、「中共諜報団」事件と関わりのあるものすべてを供述の有無にかかわらず、有罪とし刑を科するという合意ができていた。判決の日、容疑者たちは三人から五人、または五人から七人と一組ずつ法廷へ呼び出されて有期刑を言い渡され、その後、裁判所から無錫、蘇州などの監獄へと護送された。そのなかには、七年の刑を宣告された南京情報組の鄭百千もいた。裁判では、彼は最後のまで、「知らぬ存ぜぬ」と突っ張って、仲間の張明達と邱麟祥《チュウリンシャン》を守り通した。張と邱の二人は逮捕を免れ、のちに西の抗日根拠地へと向った。

詳細は省《はぶ》くが、上海情報科の長として、潘漢年は配下を通じて「中西、西里らと接触する傍ら、他方では当時日本外務省・上海特別調査班（「岩井公館」）の岩井英一とも「持ちつ持たれつ」で付き合いがあった。太平洋戦争前後には、彼を通じて現地特務機関長の影佐禎昭とも会っている。なお、この会見には岩井のほか、「五重スパイ」と称された中共の特務工作員袁殊《ユアンスウ》も同席したという。

一九四五年八月十五日に話を戻す。この日、中西、西里らは裁判所で、天皇の「終戦の詔勅」

を知った。侵略戦争に反対し、敗戦を予告してきたとはいえ、この瞬間は彼らにとっても、感無量であったに違いない。一週間後、刑の宣告があった。中西、西里の二人は、敗戦故《ゆえ》に死一等を減じられ、無期懲役を言い渡された。同年十月、連合国軍最高司令官総司令部（ＧＨＱ）が政治犯の釈放を日本政府に指令。中西功、西里竜夫、尾崎庄太郎らは徳田球一、志賀義雄、宮本顕治、金天海ら「予防拘禁法」で収監中の日共指導者とともに出獄した。しかし、白井行幸、新庄憲光、浜津良勝はこの前に、獄死または保釈直後に死亡した。

汪敬遠、李得森、陳一峰の三人は後に上海に移され、次いで汪政権の南京・老虎橋中央監獄に収容された。抗日戦末期、三人は新四軍（長江中下流で活躍した中共の軍隊）によって救出された。唯一、「中共諜報団」の一人として、東京で逮捕された汪淑子（遼寧省遼中県出身）は、治安維持法違反などの「罪」で一〇年の刑を言い渡された。彼のその後の運命については、杳《よう》として知れない。

第十一章　ラムゼイの最後の日々

極秘裏に審理が進められたゾルゲ事件裁判

当初、ゾルゲ・尾崎らの逮捕は公表されなかった。司法当局は証拠収集・確保のための取り調べを極秘裏に進め、それが一段落した七ヵ月後の一九四二年五月十六日、事件を「国際諜報団事件」として、次のように発表した。

一九四一年（昭和一六年）十月以降、東京刑事地方裁判所検事局において、警視庁の探知にもとづき捜査中の国際諜報団事件は、このほど主要関係者に対する取り調べが一段落を告げ、本日その中心分子たる五名――リヒアルト・ゾルゲ、ブランコ・ド・ブケリチ、宮城与徳、尾崎秀実、マクス・クラウゼンに対し、「国防保安法」、「治安維持法」、「軍機保護法」各違反等の罪名をもって予審請求の手続きをとった。

本諜報団は、コミンテルン本部より赤色諜報組織を確立すべきむねの指令を受け、昭和八年（一九三三年）秋わが国に派遣せられたるリヒアルト・ゾルゲが、当時すでにコミンテルンより同様の指令を受け来朝策動中なりしブランコ・ド・ブケリチらを糾合結成し爾後順次、宮城与徳、尾崎秀実、マクス・クラウゼンらをその中心分子に獲得加入せしめ、その機構を強化確立したる内外人共産主義者より成る秘密諜報団体にして、十数名の内外人を使用し、結成以来検挙に至るまで長い年月にわたり、合法を偽装し、巧妙なる手段によりわが国情に関する秘密事項を含む多数の情報を入手し、通信連絡その他の方法によりこれを提報しいたるものなるが……

発表に先立ち、ベルリン駐在日本大使大島浩がドイツ外務省を訪れ、次のように通報した。

東京は、本案が数名の日本上層部のひとともかかわる故、それを公布することは必至と考えております。さもなければ、流言は飛び交い、政府をも中傷しかねません。但し、ゾルゲがドイツのコミュニストであり、彼と東京におけるドイツの公的機構との関係につきましては、公報は一切触れません。

ゾルゲ事件の審理は一九四二年十二月に予審を終え、翌五月末から東京刑事地方裁判所で公判にかけられた。裁判長は高田正、検事は中村登音夫と平松勇。審理は終始、極秘裏にすすめられ、傍聴は禁止された。

事件の審理期間中、わけても特高警察による取り調べ段階では、誰一人として拷問による自白を強いられずにはいなかった。戦前の日本にあっては、これくらいのことは至極当然で、少しも不思議ではなかったのだ。ゾルゲが外人ゆえ、外交問題に発展するのを懸念して制裁を加えることだけは控えた、と司法当局は喧伝するが、それを真に受け取った人はいないはずだ。フランスの「アバス」通信記者ブケリチに対する虐待が、好い例だ。ドイツの最初の一撃で降伏したフランスの通信社所属のブケリチ（クロアチア人）を、特高は人間の屑とでも見なしたのか、拷問を加えることにいささかも躊躇しなかったようだ。黙秘権を行使するブケリチに、しびれをきらした検事がわめいた。

「野郎は一体、どこの人間なんだ？フランス人なのか、舌を切られた米国の七面鳥なのか？なんとしてでも口を割らせるのだ！」

しかし、ブケリチは沈黙を守り通した。無期懲役の判決の後、彼は厳寒の北海道・網走刑務所に回され、一九四四年一月十三日、日本の敗戦を待たずに獄死した。一九〇四年生まれの四十歳。特高警察による残虐な拷問の末の死であった。このブケリチの最期を見届けた獄友のひとりに、元日本共産党議長の宮本顕治がいる。宮本は一六年の刑で、網走刑務所につながれていたのだ。

ヨセフ・ワートンが裁かれた「怪西洋人」事件の場合

話がややそれるが、ゾルゲ事件に先立つ六年前の一九三五年五月、上海で「怪西洋人」事件が発生。当時北京にいたソ連軍事諜報員ウェルナーもこれに関連して、急遽モスクワへ引き揚げた。先にも記したが、このころ東京にあって、この人物の到来を待っていた陳翰笙は、図らずも「怪西洋人」の逮捕を新聞で知って、同じく大急ぎで日本を離れている。

「怪西洋人」事件とは、コミンテルン極東ビューローのヨセフ・ワートンが上海で三つのパスポートを所持していたことから、スパイ容疑で拘束された有名な事件。国民党司法局による審理中、ワートンは一言も発せず、自らの名前をさえ告げなかった。彼のこの「絶対的沈黙」に、内外のマスコミが大騒ぎし、謎の「X先生」「怪西人」のニュースが世界中を駆け巡った。「被告」が黙秘権を行使していっさい取り合わなかったにもかかわらず、国民党当局は彼を裁判にかけ、一五年の刑を科したのである。間もなく判明するのだが、ワートンの拘束は先に逮捕された中国人助手の陸海防が変節、彼の素性を明かしたためだったのである。(『潘漢年の情報活動』)

ワートンは実名、ヤコフ・グリゴーリエビチ・ブローニン。ユダヤ系の人物で、一九〇〇年に沿バルトのラトビアのリガで生まれた。一九三〇年から三三年まで、彼はドイツでソ連赤軍の諜報活動に従事。一九三三年、ゾルゲと入れ替わって上海に着任。以後上海での情報組織を取り仕切り、東京のゾルゲとも絶えず連絡を取り合っていた。ブローニンは「彼(ゾルゲ)は緊急連絡のために秘密のアジトを上海に持っていた」と言っている。「怪西洋人」の逮捕・投獄は彼自身が上海での活動に入った、その矢先であった。

それから二年後の一九三七年一二月、ブローニンは当時、ソ連留学中の蒋介石の長男・蒋経《チャンチン》国《クオ》の帰国と引き換えに身柄を釈放され、新疆経由でソ連に戻った。

ちなみに、ブローニンは帰国後、赤軍総参謀本部諜報総局（ＧＲＵ）に勤務、一九四〇年、大佐に昇進した。一九四一～四九年、オートバイ機械化軍事学院教授。一九四九年、内務省によって逮捕・投獄。一九五五年に名誉回復された。彼は一九六四年、ヤコフ・ガリョフのペン・ネームで『私はゾルゲを知っていた』を上梓《じょうし》した。一九六四年九月、八十四歳で死去した。

囚われの身とはいえ、ゾルゲは闘いを止めることはなかった。彼は逮捕・投獄に備えて取るべき準備を怠っていた自分の失策に、あるいは気付いていたのかも知れない。戦友への責任も感じていたに違いない。しかし、それらはすでに過ぎ去ったことだった。いまは新たな闘いに挑むだけだ。革命と戦争の世代の人間として、ゾルゲは彼らが何を目指し、如何に闘ったかを語り、また自らの名を辱《はずかし》めずに、「晩節」を全《まっと》うしなければならなかった。

法廷での審理中、コミュニストになった経緯を聞かれたとき、ゾルゲは毅然たる態度で答えた。

「私は第一次大戦に従軍し、東部と西部の両戦線で闘い、数度負傷し、戦争の不幸を身をもって体験しました。戦争、それは終局のところ資本主義社会の相克にほかなりません。この人類の不幸を取り除くには、資本主義を否定するほかはないと信じたのであります」

「怪西洋人」事件でのブローニンの対応（完全黙秘）を、ゾルゲは知らないではなかった。諜報員の規律・鉄則は、「何時如何なることが起ろうと、また如何なる方式であれ、断じてソ連の情報員であることを認めてはならない」のだ。このことはゾルゲも聞かされていた。しかし、突きつけられた人的・物的証拠を前にしては、「知らぬ存ぜぬ」では通用しないことは、明らかであった。彼は腹を決めた。ゾルゲは捨て身の戦法に出た。

「いかにも、私はソ連のために働いた。私の主な目的は社会主義を守り、社会主義国ソ連が反ソ陰謀の危害と軍事的打撃を受けることがないよう、それを守ることにある」

「ソ連は他国と政治的紛争や軍事衝突を起こすつもりはない。日本を侵略する意図もない。だから私と私のグループは決して日本の敵としてやってきたのではない。一般にいうスパイの概念は、私たちには当て嵌《は》まらない。…センター（モスクワ）が私たちに与えた指令は、私たちが自分の仕事を通じて、日ソ開戦の可能性を除去することにあった。従って、私が日本で組織した情報活動は、すべてこの指令に沿ったものなのだ…」

ちなみに当時、日ソ中立条約（一九四一年四月十三日調印。有効期限五年）が存在し、両国は交戦状態にはなかったことをも考え合わせれば、ゾルゲのこうした判断もそれなりに筋の通るものといえなくもなかった。しかし、モスクワはそうとは理解しなかった。彼らはこれをルール違反として受け止めて逆上。ゾルゲの経歴に対する不信・懐疑とも重なり、これまでの諜報活動の実績を無視、すべてを否定・抹殺して、彼を闇に葬ったのだ。

これは戦後も変わらず、スターリン死後のソ連共産党二〇回大会以降にベルジン、ウリツキー、さらにボロビチらの名誉回復がなった後も、ゾルゲは依然日の目を見ることがなかった。ゾルゲとその生涯に対する全面的かつ公正な評価がなされるのは、実に彼の死後二〇年たった一九六四年のことであった。これは後の話。

ゾルゲが入手した情報の主な出所はドイツ大使館

この自衛のための闘い（裁判闘争）で、ゾルゲには諜報団の長として砲兵部隊の斥候のように、肝心な瞬間、敵の火力を自分に引き付け、戦友たちを庇《かば》おうとした。こうして彼は自分ひとりで「罪」を背負いこんだのであった。

私が取得した情報の主な出所は、ドイツ大使館だ。これらの情報は彼らが自発的に提供した。私は処罰されるような行為で情報を得たのではない。脅しもしなかったし、暴力も振わなかった…

私は日本で共産革命を発動する計画もなかったし、その思想を広める意図もなかった。私一人が諜報グループの全責任を負うだけで充分だろう…日本人協力者に対しては、是非寛大に処置してほしい。（ゾルゲ最後の陳述）

しかし、裁判長はじめ判事、検事らは押し黙ったままゾルゲの抗弁を聞くだけで、何の反応も示さなかった。

足掛け三年に及んだ審理の全過程で、特高の拷問を受けなかった日本人協力者は一人もいなかった。それは前近代的手法の数々を含む前代未聞のもので、極悪非道の特高の姿を浮き彫りにした。未決拘留中または判決言い渡し直後、次々に倒れた日本人協力者の死が、これを如実に物語っていた。

ゾルゲの抗弁は徒労に終った。一九四三年九月二十九日、東京刑事地方裁判所は「治安維持法」「国防保安法」「軍機保護法」「軍用資源秘密保護法」に違反したとして、主犯格のゾルゲと尾崎に死刑判決を下した。他の被告に対する判決は、次の通りである。

ブランコ・ド・ブケリチ（一九〇四年生まれ）無期懲役、一九四五年一月十三日、獄死
マクス・クラウゼン（一八九九年生まれ）無期懲役
アンナ・クラウゼン（一八九九年生まれ）懲役三年
宮城与徳（一九〇三年生まれ）未決拘留中、一九四三年八月二日、獄死
小代《おだい》好信（一九一一年生まれ）懲役一五年
田口右源太（一九〇三年生まれ）懲役一三年
水野成（一九一〇年生まれ）懲役一三年、一九四五年二月二十二日、獄死
山名正美（一八九八年生まれ）懲役一三年
船越寿雄（一九〇二年生まれ）懲役一〇年、一九四五年二月二十七日、獄死
川合貞吉（一九〇一年生まれ）懲役一〇年

河村好雄（一九一一年生まれ）未決拘留中、一九四二年十二月十五日、病死
九津見《くつみ》房子（一八九〇年生まれ）懲役八年
秋山幸治（一八九〇年生まれ）懲役七年
北林トモ（一八八六年生まれ）懲役五年、一九四五年一月危篤で仮釈放、同年二月九日、病死
菊地八郎（一九一二年生まれ）懲役二年
安田徳太郎（一八九八年生まれ）懲役二年、執行猶予五年
西園寺公一《さいおんじきんかず》（一九〇六年生まれ）懲役一年六ヵ月、執行猶予二年
犬養健（一八九六年生まれ）無罪

西側世界では間諜、すなわちスパイは、冗談半分、売春に次ぐ二つ目に古い「人類最古の職業」と称されている。中国古代の兵書『孫子』「用間（諜）」篇は、間諜に五つのタイプ――郷間、内間、反間、死間、生間――があり、間諜・スパイは捕まった場合、ほとんどが殺害される運命にある、と記している。間諜の意義と役割は絶大で刺激的でさえあるが、その運命もまた悲惨を極めた。いったん、敵の手に落ちた場合、生還の機会が少ないからだ。逮捕されたスパイの交換が行われるようになるのは、第二次大戦後のことという。

延安時代、毛沢東は「敵に打ち勝つには、二つの闘いを進めなければならない。一つは目に見

える戦争であり、一つは目に見えない隠れた戦争だ」といったことがある。情報工作は、間違いなく、この「目に見えない隠れた戦争」の重要な構成部分である。

もちろん、ゾルゲの諜報活動は西側のそれとは異質のもので、同じに論じるわけにはいかない。なぜならそれは、ゾルゲがいうように、「社会主義・ソ連」をヒトラー・ドイツと日本軍国主義の侵略から守るためのものだったからだ。

ゾルゲ事件に対する審理は、逮捕から判決の言い渡しとその執行まで、丸三年に及んだ。モスクワがその気にさえなれば、ゾルゲを救う手立てもあったはずだ。それは両国がまだ交戦状態になかったというだけのことではない。ソ連には当時、数百人ものノモンハン事件の日本人捕虜がいた。彼らとゾルゲの身柄を交換することもできないことではなかった。これはモスクワにとって大きな切り札だった。ゾルゲは社会主義の祖国・ソ連のために生命を賭して働き、手柄を立てたからだ。

一九四三年といえば、年初ソ連赤軍がスターリングラード攻防戦で大勝して、ドイツ軍に決定的打撃を与えた年だ。同年七月には、イタリアのムッソリーニ政権が崩壊した。(ムッソリーニは一旦逮捕されたが、ドイツ軍空挺部隊によって救出され、ドイツ軍占領下の北イタリアにサロー共和国を樹立)中国では日本軍は泥沼に陥り、太平洋では戦線は後退を続け、日本は敗色を濃くしていた。

一九四四年八月、東条英機は絶対防衛圏を豪語していたサイパン陥落を機に退陣。天皇ら日本の支配階層は戦争終結を模索して、極秘裏に「中立国」ソ連による調停案に期待をかけて、動き出していた。

ゾルゲを自国の諜報員と認知しなかったモスクワ

残念ながら、ソ連は動かなかった。日本の降伏を見越して、ポツダム会談（一九四五年七月十七日～八月二日）の準備に忙殺されていた。それに、モスクワは終始、ゾルゲが自国の諜報員であることを認めず、反対にそれを反ソ陰謀の一環として切り捨てたのである。

もちろん、GRUのなかでも、すべての人がゾルゲに疑いの目を向けていたのではなかった。元退役中将コンドラショフは、当時の雰囲気を次のように回想している。

心の中では常に、ラムゼイは我々のために誠実に働いていると思っていたものの、個人崇拝の疑わしい雰囲気、複雑な状況のなかでは、どんな仕事に対してでも、みんなが猜疑心を持って当たらねばならなかった。ゾルゲに対しても同じように、警戒する必要があった。

粛清されたGRU元長官のベルジンやGRU第四本部日本課長シロトキンは、獄中で脅しや拷問に屈して「ゾルゲはすでにドイツのスパイであると同時に、日本のスパイでもあり、我々課報機関にエセ情報を流し、彼の活動資金は事実上ドイツの諜報機関の手に渡った」と自白させられていた。ゾルゲに対する二重スパイ三重スパイの疑惑があって、この種の偏見にとらわれて、ゾルゲ逮捕から死刑までの丸三年間、ゾルゲが祖国と共産党に奉仕して大きな手柄を立てたにもかかわらず、諜報機関の指導部からは誰一人として彼を救出しようとはしなかった。それは一九四二〜四五年当時、長官だったイリチョフも同様で、結局、日本人捕虜とゾルゲとの身柄交換は遂に行われることはなかったのであった。

レオポルド・トレッペルは、ベルジン将軍が一九三〇年代西欧に派遣したソ連の諜報員で、一〇〇〇人以上の諜報員を擁する膨大な情報網「赤い合唱団（赤のカペラ）」の創立者であった。その活躍ぶりには、ヒトラーの軍防諜部長カナリス海軍大将も舌を巻いたほどで、「彼らは二〇万のドイツ軍に匹敵しよう」と配下にもらしていたといわれる。彼はヒトラーの国家秘密警察（ゲシュタポ）の追及を逃れ、スターリン大粛清を生きぬいた数少ない人物の一人。それにしても、戦前、戦中同様、トレッペルの戦後の運命も数奇なものである。

独の対ソ攻撃を予告したソ連軍事諜報員トレッペル

トレッペルはポーランド系ユダヤ人で、ゾルゲのコミンテルン時代の仲間でもあった。彼も情報収集の敏腕家で、独ソ戦前夜モスクワに次のような一つの重要な情報をもたらした。

「ドイツ軍はすでに一五〇個師団を集結、一九四一年六月ソ連を攻撃する」

しかし、クレムリンは彼の情報を信じなかった。一年後の一九四二年五月十二日、トレッペルはブリュッセルから、コーカサスにおけるドイツ軍の作戦計画と諸部隊の配置をモスクワに伝えてきた。

「ドイツ軍はコーカサス全域を八月までに占領し、バクーとその油田を確保する。次なる攻撃の主要目標は、スターリングラードに向けられよう」

モスクワは今度はこの極秘情報を信じて、これに基づいて赤軍の各部署を固め、第二次世界大戦の転機ともなるスターリングラード会戦の勝利を得た。

パリ解放後間もない一九四五年一月、トレッペルは軍用機でモスクワへ帰還した。だが、彼を待ち受けていたのは栄えある英雄としての歓迎ではなく、ルビヤンカ監獄の地下牢だった。

「口は災いの元」というが、トレッペルは「身の程知らず」にも、モスクワが彼の情報を重視しなかったと愚痴ったのだ。最高統帥部がこれに激怒、内相ベリヤは彼がドイツ人と結託したとして起訴した。以来、トレッペルは監獄で丸一〇年無為に過し、一九五四年やっと無罪を宣告され、名誉を回復した。

一九五七年、彼は故郷ポートランドへの帰国許可を取り付け、十数年ぶりに妻と三人の子供と再会した。その後、トレッペルは回想録の執筆を始めるが、その書き振りがモスクワ当局の好みに合わなかった。一九七四年、彼は止む無くポーランドを後にして、イスラエルへ向った。イスラエルは彼の最後の行き場だった。一九八一年、トレッペルは首都エルサレムで死去。享年七十七歳であった。

トレッペルの回想録『大いなる賭け―赤のカペラ首領の回想』は一九七五年、パリで刊行された（日本語版 堀内一郎訳『ヒトラーが恐れた男』三笠書房、一九七八年）。そこにはゾルゲ最後の運命と関わりのある貴重な記述が、獄中見聞の形で残されている。トレッペルがモスクワ・ルビヤンカにある国家保安委員会（ＫＧＢ）地下牢プチルカに幽閉されていたときのことである。

朝の五時近くだった…ドアが開き、薄暗がりのために中国人か日本人か見分けが付かなかったが、きちんとした身なりの軍人を、看守たちが入れてよこした。彼は自己紹介した。「トミナガ陸軍大将（富永恭次中将）です」

満州における日本軍の参謀長であった彼は、東京で開催されることになっている日本の戦争裁判で証人となるために、モスクワに連れてこられたのである。運び込まれる食事を第一日目から手を付けずに眺めていた彼は、刑務所長に会わせせろと要求した……。（『ヒトラーが恐れた男』）

富永は戦争末期、中国東北部でソ連赤軍の捕虜となった。後日、細菌戦犯――山田乙三（関東軍司令官 陸軍大将）、篠塚隆二（軍医 中将）、高橋隆篤（獣医 中佐）、川島清（軍医 少佐）、西俊夫（軍医 中佐）、柄沢十三夫（軍医 少佐）、尾上正男（軍医 少佐）、佐藤俊二（軍医 少将）、

平桜全作（獣医 中尉）、三友一男（軍曹）、菊地則光（上等兵）、久留島祐司（七三一部隊衛生兵）らに対するハバロフスク裁判の際の生き証人として、ロシア人は今回彼をラーゲリから連れ出したのだった。ちなみに、細菌戦については、ゾルゲとギュンター・シュタインが話していたのを、クラウゼンが回想している。

監獄でバナナを要求した関東軍参謀長富永恭次中将

「わたしはひどく胃を病んでいるのだ」彼は述べたてた、「こんな食べ物は食べられない」と。わたし（トレッペル）はこれほどよい食事をこれまでに見たことがなかった。というのは、彼と将校たちは他の囚人たちより配給を余分にうけていたのだ。それなのにトミナガは不平を言った。「わたしにはこんなにたくさんは要らない。たいしたものは要らないんだ。ただ毎日、バナナがいくらかあれば！」わたしたちを大笑いさせたのがなんなのか、彼にはわからなかった。戦争直後に、モスクワでバナナだって⁉しかも、牢獄のなかで！北極でオレンジを探すようなものではないか…。

トミナガはバナナの食餌療法を断念しなくてはならなかったが、特別の食事を用意してもらった。（前掲書）

トレッペルも他の囚人も、日本語ができなかった。だからロシア人は富永を彼らの部屋に入れたのだった。数日後、トレッペルは偶然富永が片言のフランス語を口走ったのを聞いた。それで富永がかつてパリの在仏日本大使館付陸軍武官だったことを知った。こうして、二人はフランス語でなに不自由なく話し合うことができるようになった。

トレッペルはルビヤンカ監獄でリヒアルト・ゾルゲの無線技師であるマクス・クラウゼンと同房になり、リヒアルト・ゾルゲが処刑された事実を教えられていた（前掲書）ので、次の質問をした。

「あなたはリヒアルト・ゾルゲについて何かご存じですか？」とわたしは彼に尋ねた。

「もちろんです。ゾルゲ事件が起きたとき、わたしは陸軍省の次官だったんです」

「それならうかがいますが、なぜ、ゾルゲは一九四一年に逮捕、のち死刑を宣告されたのに、一九四四年の十一月七日になってついに銃殺されたのですか？　日本とソ連はまだ交戦状態になかったのに」

彼はすばやく、わたしの言葉をさえぎった。

「それはまったく間違いです。われわれは再三再四、東京のソ連大使館にゾルゲと日本人捕虜の交換を要求しました。そのたびにわれわれは同じ答えに遭いました。『リヒアルト・ゾルゲという人物はしらない』と」（前掲書）

このため、日本側はゾルゲの死刑執行を何回も延期したという。当時の駐日ソ連大使スメターニンは、のちマリクに代った。

リヒアルト・ゾルゲの名を知らぬ?それならどうして、日本の諸新聞は彼とソ連大使館付陸軍武官との接触を、さかんに書きたてたのか?ドイツの攻撃をソ連に予告した人、日本はソ連を攻撃しないだろうということを戦争のただなかでモスクワに知らせてよこし、そのお蔭で、ソ連の参謀本部は、シベリアから無傷の師団を撤退させることができたというのに、その人物のことを、知らないというのか?（前掲書）

トレッペルは巻末でこう、結んでいる。

かれらは、戦後に足手まといになる証人を残しておくよりむしろ、リヒアルト・ゾルゲを銃殺されるがままにしておくほうを選んだのであった。その決定は東京のソ連大使館から出たものではなく、モスクワから直接下された。

リヒアルト・ゾルゲはベルジン将軍との親交の代価を払わされたのだ。後者の粛清以来嫌疑をかけられていた彼は、モスクワにとっては二重スパイでしかなかった、しかもトロツキストのもたらされた情報の計り知れない軍事的価値がようやくわかる日まで、何ヵ月もの間

〈本部〉はゾルゲの電文を解読しようとさえしなかったのである。そして彼が日本で逮捕された後は、首脳部は彼を邪魔者扱いし、見捨てたのだ。新しい情報部の政策というのは、かくのごときものだった。

一九四四年十一月七日、モスクワは〈無名の人〉リヒアルト・ゾルゲを、銃殺されるがままにした。今日その偽善をあばき、世界の眼前に告発することを、わたしはとくに嬉しく思う。リヒアルトはわたしたちのものだ。彼を殺されるに任せておいた連中には、彼をわがものとする権利はない。（前掲書）

トレッペルの血のにじみでるような訴えである。

ロシア革命記念日にゾルゲと尾崎の死刑執行

一九四四年に入ると、ドイツと日本の敗戦はいっそう色濃くなってきた。ファシストたちは最後の苦しみにあえいでいるかのようだった。同年八月一八日、すでに獄窓で十一年を過したゾルゲの友人でドイツ共産党議長テールマンが、ヒトラーの命令で殺害された。三ヵ月後の一一月七日、日本司法当局は十月革命二七周年記念に当たるこの日に、ゾルゲと尾崎秀実に対する刑の執行を命じた。

とくにこの日を選んだのは「武士道の情け」云々という説は、「ソ連人には通じない」（『人間ゾルゲ』）であろうし、世界にも通じない。それは、元日本共産党幹部会員志賀義雄がいみじくも言っているように、「彼らの検挙と処刑の目的は、帝国主義戦争の進行中に、共産党と労働者階級が先頭となって、『自国政府敗北のスローガン』を実現することを恐れて、しかも腹いせに、十一月七日という十月社会主義大革命記念日をえらび、乱暴にも極刑にした」（『日本共産党覚え書』「ゾルゲ・尾崎事件と伊藤律」）ことなのだ。

この日の早朝、東京拘置所の独房で、尾崎秀実は妻英子宛の手紙をしたためていた。このとき監房の扉が開いて、所長市島成一が数人の死刑執行人を従えて入ってきた。彼は慣例に従い、死刑囚に姓名、年齢、住所を質《ただ》した後、司法大臣岩村通世の命により、本日死刑を執行する旨を伝えた。尾崎は少しも取り乱すことなく、妻英子がこの日のために用意した死装束に着替え、彼らの後に従って刑場へ向った。

処刑の少し前、いわゆる「中共諜報団事件」の裁判を担当した小林健治判事が、たまたま東京拘置所に尾崎を訪ねてきた。その彼に尾崎は「雑談」を含め、最後の所信を次のように述べている。

「日本の支配階級からみれば、自分がやったことは、支配階級が進んでいこうとする途を逆転させようとしたことになるのだから、捕えられれば死刑は当り前なんだ。自分は共産主義者として立派に死んでいきたい」

尾崎はゾルゲという人を非常に尊敬・信頼していて、「ゾルゲを一度、どこの国でもいいから、総理大臣にしてみたい。ゾルゲ総理のもとで、ぼくは官房長官をやってみたい」というようなことを言っていた。「ゾルゲは世界で十本の指に入る男だ」とゾルゲを褒めちぎっていた。（『法曹』一九六八年六月号）

尾崎は物静かで、淡々としていたという。男同士の友情とでもいうか、この頃の尾崎は精神的にはゆとりがあったようだ。死を前にしての言葉だけに、彼の偽らざる心情の吐露だろう。

厚いコンクリート塀で囲われた拘置所の刑場は一〇〇平方メートル大で、窓がなく、中央の淡いランプの下に絞首台が立っていた。

仏像の安置された控えの間でしばし足を休めた後、尾崎は絞首台を登った。午前九時三三分、彼の首に縄がかけられた。尾崎が立っていた踏み板ががたんと落ちた。十八分後、検視官が尾崎の死を確認した。享年四十三歳であった。

尾崎の処刑を終えると、市島ら一行はゾルゲの独房へ向った。死刑の執行を告げられると、ゾルゲは平然として新しい背広に着替え、獄舎を後にした。

当年、「中共諜報団事件」で同じ東京拘置所につながれていた西里竜夫、中西功はゾルゲの最期を見届けた唯一の「仲間」であった。中西はその著『死の壁の中から』で、当日の模様を次のように記している。

一九四四年春か夏ころ、ゾルゲとは房が近かったので毎日、顔を合わせた。ゾルゲの房は舎の中央の看守の机の真前にあり、それから二、三房へだてて私の房がありました。事件が違うので一日一回の運動に出るときもよく顔を合わせた。あるとき彼は一方の手で喉仏のところをつかみながら、他方の手で親指と他の指を小刻みにはばたいてみせ、「私の命、短い、短い」と笑いながら言いました。

十一月七日、その朝、看守の机のまわりに足音が乱れ、ただならぬ気配が流れているのでハッと思い、監房扉の小さい「のぞき窓」を楊枝ふうのもので押し開けて見守っている前を、数人の看守に付き添われてゾルゲが通っていきました。獄舎の出入り口には格子があり、大きなカギがあるのだが、その格子戸がしまり、カギの音がガチャガチャと鳴りました。それが私たちとゾルゲの最後の別れでした。ゾルゲはその出入り口で「みなさん、さようなら」と日本語で挨拶をしたそうです。

ゾルゲは仏壇のある控えの間には立ち止まらずに、処刑場に入った。彼が絞首台の落とし穴の上に立つと、死刑執行人がゾルゲを後ろ手に縛り上げた。両足も縛られると、彼は静かにドイツ語で「最後の言葉を述べる」と告げた。そしてはっきりした日本語で、「ソ連、赤軍、国際共産党万歳！」と叫んだ。縄索がゾルゲの首にかけられた。時間は午前一〇時二〇分。一時間前に、戦友であり同志でもあった尾崎秀実が同じこの絞首台に立ったことを知ることなく、ゾルゲは一六分後に絶命した。四十九歳であった。

尾崎秀実の遺体は、当日の午後、英子夫人と友人松本慎一が引き取り、霊柩車で目黒の自宅へ帰った。遺族からの知らせに、熱海に「謹慎」中の西園寺公一《さいおんじきんかず》も当日急いで駆け付けて、通夜に参列した。

ゾルゲの遺体は、拘置所からドイツ大使館に引き取りの打診をしたが、断られた。石井花子には何も知らされなかった。引き取り手がないゾルゲの遺体は、東京拘置所に隣接する雑司ヶ谷の無縁墓地に埋葬された。石井花子はゾルゲへの思いを胸に秘め、日本の敗戦が必至なのを信じ、戦中、じっと耐えた。

第十二章　事件の余波

東条以下七名のA級戦犯に絞首刑の判決

一九四五年五月にドイツが降伏。八月十五日には日本もポツダム宣言を受諾、第二次世界大戦はここに終結を見た。

翌四六年五月三日、元首相東条英機ら二八人のA級戦犯（戦争首謀者）に対する「極東国際軍事裁判」（東京裁判）が東京・市ヶ谷の法廷で始まった。戦犯として逮捕される直前、東条英機はピストルで自殺未遂、近衛文麿は逮捕前日に服毒自殺した。松岡洋右、永野修身は裁判中に病死。大川周明は発狂して、免訴となった。

公判中、南京事件をはじめとして、特に中国および東南アジア諸国での日本軍の残虐行為が次々に暴《あば》かれ、日本国民にも大きな衝撃を与えた。その間、東京裁判でゾルゲ事件についても言及があったが、ソ連側検事ワシリエフのクレムリンの意を汲む、一方的な介入と強引な要求で、訳も分からぬまま有耶無耶《うやむや》に終ってしまった。

一九四八年十一月十二日、判決が下り、東条英機、板垣征四郎、土肥原賢二ら七名に絞首刑が宣告された。死刑は一ヵ月後の十二月二十三日、「スガモ・プリズン」と称された東京拘置所で、執行された。処刑は当日、午前零時一分から三五分にかけて行われ、七名のA級戦犯が頭を垂れたまま二組に分かれて相次いで絞首台に立った。

それを境にして、世の中は大きく変わった。ゾルゲと尾崎の死も決して無駄ではなかったのだ。アグネス・スメドレーが尾崎秀実の死を知ったのは、戦後の一九四六年二月初めのことであった。

当時、米国在住の日本人女性評論家石垣綾子は、著書『回想のスメドレー』（現代思想社、一九八七年）の中で「戦時から終戦にかけて日本の出版物を手にすることが出来なかったので」「その空白を埋めるために、飢えた者が食物をあさり歩くように、知人の間を駆けずりまわり、一枚の古新聞でさえも貴重な懐かしい宝物として飛びついた。いずれも数か月遅れのものばかりであったが、そのなかの一枚の大きな見出し『一日本人の苦悩　ゾルゲ事件尾崎秀実の生涯』にわたしの目は釘付けになった」と書いている。この記事は評論家松本慎一が親友尾崎秀実を悼んでおこなった講演会の内容であった。この瞬間、彼女の脳裏にこの尾崎がもしやスメドレーのいう「稀に見る立派な人柄」で、「中国の解放事業に深い理解を持ち、信念を生き抜く」あの日本人記者なのではないかとの思いが去来した。石垣はその日本人記者の氏名をスメドレーからちゃんと聞かされていなかったからだ。

それから間もなくして、石垣はあるアメリカ人の家でスメドレーと落ち合ったとき、このことを彼女に話した。以下は石垣の著書からの抜粋である。

アグネスは窓際の寝椅子の上に両足を伸ばして半分身を横たえ、わが家にいるようにくつろいでいた。私はその足もとに腰をおろし、そのときまで話す機会のなかった尾崎の、一九四四年十一月七日の処刑を知らせた。

「ええっ、死刑に！」

スメドレーはがばっとはね起きて、鋭い刃物のような声を発した。私の顔をみつめ眼はひきつって、恐ろしいようだった。胸が圧迫されて息ができないかのように唸った。

「おゝ、ほんと、それほんと、ほんとね。なんという野蛮なことだ——ありっぱな、またとない人を。私は……私は……あゝ、苦しい……」

スメドレーは泣き崩れ、隣室の小部屋に駆け込んで、ベットの上にぐったりと行き倒れの人間のように、体を投げつけた。そして、こらえきれないように泣き続けているだけであった。

「あのかたは……あのかたは」「あのかたは私の……私のたいせつな人、私の夫……そう私の夫だったの」病人のようにもだえる彼女の言葉は、極端に言えば半狂乱のうわごとであったが、真剣な告白であった」

「上海時代のアグネスは三十七、八歳で、尾崎より九歳年上であった。年齢の差を問題にしてふたりの深い友情に変な好奇心を寄せる人があるが、私はその見当違いの憶測に抗議したい。尾崎に寄せた彼女の尊敬、信頼、愛情は人間的に結びついた共感のほとばしりであった。半植民地の中国人の苦悩を受け止める心と心の触れあいによる結びつきであった。アグネスは仕事に対しても愛に対しても、火花を散らして全身でぶつかってゆく女性であった」

「『私の夫』と言ったアグネスの言葉は、世俗的な表現を意味したのではなく、二人の愛が同じ目的に結ばれた、その深い思いをこめたものであったろう（注）」

（注）『アグネス・スメドレーの生涯「大地の娘」』（岩波書店、一九八八年）のなかで、高杉一郎は、スメドレーと尾崎の関係について次のように書いている。

勁草書房刊『尾崎秀実著作集』の月報（一九七七年）に彼女（石垣綾子）が書いた文章では、「私の大切な人、愛しあった人、忘れられない人…」となっている。私はそのときの正確なことばを著者から直接に確かめようとして訪ねていったが、少なくとも「わたしの夫だったの」ということばについては彼女も確信がないようであった。（同書一一六ページ）

敗戦後、ゾルゲの死を知った石井花子

石井花子がゾルゲの死を知ったのは、日本の敗戦後であった。それも新聞を通じてであった。それまで彼女はゾルゲが生きていることを信じて、日増しに色濃くする日本の敗戦に一縷《いちる》の望みを託していた。だが、結果は彼女の期待を裏切った。以下は、石井花子著『人間ゾルゲ』に拠る。

ゾルゲと花子が最後に会ったのは、一九四一年十月四日、東京銀座ラインゴールドでのことである。この日はたまたまゾルゲの四十六歳の誕生日に当たった。ゾルゲの逮捕は、それからわずか一〇数日後。石井花子がその事実を知ったのは、彼女担当の特高刑事が内々に何度もやって来て、知らせてくれたからだった。年が明けた正月の二日夕刻、モーニング姿の担当刑事がやって来た。赤い顔で茶の間に座り、「正月ばかりは、ここへもびくびくしないでやって来られる」と笑って言って、他に聞こえないように小さな声で「もう駄目だよ」と、ゾルゲのことを知らせてくれた。石井花子は刑事の様子から、ゾルゲはもう帰ってこられないことを強く感じた。

司法省による国際諜報団云々のセンセーショナルな発表があったのは五月。覚悟の上のこととはいえ、彼女には大きなショックだった。そして、少しでもゾルゲの近い場所に生きていようと決心した。「あの人が殺されれば、何かをわたしに感じられないことはないでしょう」

（ゾルゲ事件公判中の）一九四三年八月、わたしは六日間淀橋署に留置された。「売国奴」、「女賊」とののしられ、ゾルゲとの連絡の有無やを執拗に取調べられ、きびしく訊問された。保護室と札のかけてある四畳半ほどの鉄扉の室は、小さい窓が天井近くに一つあるだけで、わたしは真裸の身体検査のあと、帯も紐も取り上げられて、着物一枚で押し込められた。

酷暑のうだるような暑さと、ノミ、シラミの間断ない襲撃のオリの中に、七、八人の女たちが閉じ込められ、噂どおりの臭い飯を食べさせられた。わたしは食欲どころではなかった……

「国のために」白状せよと、毎日責め立てられたが、石井花子は「私は何にも知らない」と。彼女には、答える術がなかった。

それから何年もたたないうちに、世の中は大きく変わった。ゾルゲが言ったように、日本は戦争に負け、降伏した。

（敗戦の年の）十月、戦前検挙された数々の思想犯は釈放され、ゾルゲ事件は、国際赤色スパイ団云々の大見出しで、各新聞にでかでかと報道された。わたしは二、三の新聞を読んで、ゾルゲの刑死を知った。

石井花子がゾルゲについて知ったのは、その刑死についての事実のみで、他のことはまだ報道されていなかった。彼女はてっきり、ゾルゲの遺体はドイツかどこかに埋葬されているものと早合点し、自分自身を慰めていた。何もしてやれなかった自分を、恨めしくさえ思っていた。そんな矢先の一九四八年十月末のある夕刻、石井花子は偶然、書店の店頭で表紙に『尾崎ゾルゲ赤色スパイ事件の真相』と刷った小冊子を見付けた。

わたしはそれを買って家に持ち帰り、読んだ。事件の内容とか関係者の名前など今まで新聞紙上などで発表になったものと大差なかった。ところがこの小冊子にはゾルゲの処刑のことや死後の消息がはじめて書かれてあった。「絞首台に叫ぶもの」という見出しで、処刑の経緯やその後の運命がはじめて紹介されていたのだ。

「一九四四年、十一月七日、ロシア革命記念日に死刑は巣鴨東京拘置所の絞首台で執行された。死刑はたいてい朝九時に行われるのが慣習だったが、、この朝看守が呼び出しに尾崎の独房に行くと、早くもそれと予期して、死装束を整えるために三〇分ばかり待たせた。尾崎がまず絞首台に上がった。紋付羽織袴、自若として死についたという。九時三三分台に上り、一四分で息を引きとった。ついでゾルゲが台上の人となった。一八分ぐらいかかって、一〇時三六分に瞑目した。背広、ノーネクタイ、ロイド眼鏡の姿であった。尾崎の死も立派だったが、ゾルゲはさらにあっぱれな死にぶりだったという。

尾崎はかすかな声で、『さようなら、さようなら』と叫んだ。それはおそらく愛妻と愛児への告別であったろう。ゾルゲは最後の感想を問われたとき、口元に笑いを浮かべて『ソビエト・赤軍・共産党』と二回日本語で繰り返した。ソビエトと共産党と赤軍のことを考えながら死んで行くのだという意味のようであった」

私はこのことはいかにも彼らしいと納得しながらも、なぜかさみしかった。

…次に書かれてあることは、

「ゾルゲの死体は引きとり手がなく、拘置所の手で雑司ガ谷の共同墓地に土葬された。その上にささやかな木標が立てられたが、いつか引き抜かれて燃料不足の補いにされて、いまは訪ねるに由ない」

わたしはいきなり、だまし討ちにでも会ったようにふるえて愕然とした。これは事実だろうか?このようなことがあり得ることだろうか?知らなかった。知らなかった。わたしは泣いた。わたしは夜っぴで泣き、明け方まで泣いて泣いて、泣き明かした。

ゾルゲの入れ歯で結婚指輪を作る

そして、怒りに震えた。だが、それが誰に向けられたものか、花子自身分らなかった。「まず、ゾルゲの遺骸を探し出さねば……」この日から、彼女はゾルゲの担当弁護士を捜し、刑務所を訪れ、二年目にやっと荒れ果てた東京・雑司ガ谷の共同墓地に葬られたゾルゲの遺骨を探し当てた。このときの感慨を彼女はこう書いている。

管理人から、仏さまはもう骨になってしまわれている、と聞かされてはいたが、まさか、と疑い、もしや、と期待し、たとえどのような姿であろうとも、いまひとたび、彼の姿をこの目に撮してみせる!だがこの遺体、ばらばらに散った肢体の骨。そして、おおあの頭蓋骨!わたしは愕然と目を見張ったまま、穴の縁に膝まずいた—。

変わり果てたわたしのゾルゲ！あなたはどこ？あの優しい瞳、栗色の巻毛、そして、あのたくましい肉体。わたしにはなにも見えない。何も、もはや、この目に撮し出せない。……わたしが心に秘めてきた彼のイメージは破れ去った。わたしの胸は裂けた。

…非常に長くて太い骨を二本、わたしは両手に握って、じっと凝視めた。大腿骨と思えた。一方のほうは中央で斜めに無惨におれ、食い違って接骨されていた。そしてそこは、他の別の骨でも副えてあるかのように、太く頑強になっていた。左右をくらべると、骨折したほうは一糎あまり短かかった。

「お怪我なさったのですか？」

青年（注　多磨墓地にゾルゲの墓を作ることで世話をしてくれた石屋―玉よし屋の主人）がわたしにそっと聞いた。

「え、、第一次世界大戦のときの傷だと聞いていました」

石井花子はこの日、ゾルゲの遺骸の中から入れ歯、眼鏡、止め金を取り出し、形見として持ち帰った。後日、入れ歯の金で、彼女は指輪を作って、右手の薬指にはめた。彼女にとっては「結婚指輪」であった。

それから間もなくして、石井花子はゾルゲの遺骨を荼毘《だび》に付し、東京・府中市の多磨霊園に葬った。墓が建ったのは、それから一年後の一九五〇年十一月八日であった。一九五六年十一月末には、墓所敷地内に新しくゾルゲの墓碑、「ゾルゲとその同志たちの記念碑」が建てられた。前年、発足した「ゾルゲ・尾崎事件犠牲者救援会」が募った募金で作ったものだ。この救援会には国会議員、大学教授、学者、作家など各界の有名人が名を連ねた。細川嘉六、神山茂夫、長谷川浩、松本三益、亀山幸三、石堂清倫《きよとも》、平野義太郎、拓殖秀臣、伊藤武雄、難波英雄、耕治人、堀江邑一、古在由重、芝寛、青地晨、山崎謙、吉田寿生、尾崎秀樹《ほつき》などいずれも日本の良心を代表すると言われた人たちだった。

墓碑正面には、日本語とドイツ語とロシア語でゾルゲの名が刻まれ、裏面には彼の墓碑銘と年譜が次のように刻まれている。

戦争に反対し　世界平和のために生命を捧げた勇士ここに眠る

一八九五年　　バクーに生まれ

一九三三年　　日本に来り

一九四一年　　逮捕され

一九四四年十一月七日　処刑される

当時、コミンテルンはすでに解散（一九四三年）したとはいえ、なお戦後の一時期は引き続き、ソ連とスターリンをはじめとするソ連共産党指導部の権威は絶大で、日本を含む他国の共産党・労働者党は、ほぼその影響下にあった。是か非かは別として、あのころはまだそんな時代だったのだ。にもかかわらず、評論家・作家で尾崎秀実の異母弟尾崎秀樹がゾルゲ事件関係者の川合貞

二十世紀五十年代の多磨霊園のゾルゲの墓　右は日本人妻石井花子

ゾルゲをはじめ十一人の仲間たちの石碑　ゾルゲの墓の側に立つ（写真提供＝cnsphoto）

吉らとともに設立した「ゾルゲ事件真相究明会」（一九四八年十二月）は、『ゾルゲ諜報団の活動の全容』（ウイロビー報告）の発表と同時に、日本共産党政治局の決定によって閉鎖に追い込まれてしまった。ゾルゲについては与《あずか》り知らぬとするソ連政府の一貫した態度表示が、その底辺にあったことは否めないだろう。究明会の活動主旨と、ウイロビー報告という二つの全く異質のものを混同させたところにも、問題のありかがあったのだ。

母国のソ連とドイツ民主共和国（東独）では、ゾルゲはすでに抹殺され、顕彰など全く論外であった。それはスターリン死後の一九六四年まで続いた。こうした中で、草の根運動としての「ゾルゲ・尾崎事件犠牲者救援会」の設立と活動は、この上なく貴重であり、遅蒔きながらゾルゲの名誉を回復し、歴史の流れを変える上で少なからぬ役割を果した。もっともこれは後の話である。

スメドレーを「ソ連のスパイ」と決め付けた「ウイロビー報告」

一九四五年末、戦後日本を占領・統治した連合国軍最高司令官総司令部（GHQ）諜報第二課（G2）ウイロビー中将は、日本占領に乗り込むと間もなく、ゾルゲ事件関係資料を押収したことは、政治的利用を狙ってのことである。彼らは警視庁、検察庁、裁判所などから入手した旧特高警察の資料を使って報告書を作文、早くもその一部を一九四六年にワシントンに報告している。翌四七年には、「ゾルゲ・スパイリング――極東における国際諜報のケース・スタディ」としてさらに詳細な報告書に発表され、米軍の情報将校の訓練材料に使用された。一九四九年二月十日、米国防総省（ペンタゴン）は三二〇〇〇字のゾルゲ事件の報告書『ウイロビー報告』を公表した。折しも米ソ間の「冷戦」期に当たり、『ウイロビー報告』は反ソ反共宣伝の道具として、米国や占領下の日本にとどまらず、国際的にも大きな反響を呼んだ。

当時、ニューヨークに住んでいた石垣綾子はこの日の朝、新聞をひろげゾルゲ事件の報道に接した。

各紙とも第一面を割いて、ゾルゲ事件にからむアグネスをソ連スパイとしてとりあげ、えりぬいて罪人めいた彼女の写真を大きく掲げた。ゾルゲ、ドイツ大使オット、ギュンター・シュタイン、尾崎秀実の顔写真をそえ、ゾルゲ・スパイ事件を密告した伊藤律（当時、日本共産党政治局員）の写真も、ある新聞は掲載した。その記事は次のような書き出しであった。「日本の戦争秘密計画を盗んだソ連スパイが暴露された。この発表を行ったマッカーサー将軍は、このスパイ網の残余分子がいまだに法の制裁をのがれのうのうとしている、と語った。今日、マッカーサー将軍のこの三二〇〇〇語にわたる詳細な報告書は陸軍省より発表された。ソ連に二回もの勝利をもたらした戦時秘密、すなわちドイツはソ連を攻撃するが日本はソ連を攻撃すまい、という情報をソ連に流した巨大なスパイ組織の全貌は明らかにされた。このスパイ網は歴史上、もっとも大胆にして恐るべき巨大な秘密組織であり、カナダにおけるソ連の戦時のスパイ事件はこれに比すると、全くの『素人の遊び』でしかない。このスパイ網の生き残りは、この瞬間にも世界の各都市にあって、活躍している可能性を否定することはできない…」（『回想のスメドレー』）

この突如とした人身攻撃に、スメドレーは「濡れ衣も甚だしい」と激怒、敢然として、正面から立ち向った。彼女の声明書の一部を次に引用する。

「大権を手中にするある将軍が、すべての民事訴訟免除の特典を利用して、職務上の地位も財産もなく、政治的な組織の背景もない無力な一アメリカ市民の名誉を破壊できるとは、なんという恐ろしいことであろう。…この報告は私がリヒアルト・ゾルゲ氏と尾崎秀実氏の媒介者であり、日本とナチス政府に反対するスパイ諜報団のリーダーであったと告げている。ある箇所では私という犯人は『自由に放置されまだ捕らわれていない』と報道している。…

マッカーサー将軍とその部下は、日本警察の秘密拷問室から掘り出したであろう調査書類を使って、日本軍部の手先がやり残した仕事を拾い上げている。彼らは邪悪な軍国主義日本の宣伝道具になりさがり、連合国の戦争裁判が死刑に処した第二次世界大戦の戦犯たちの遺言を実行している。（中略）

私が一八年ほど前にリヒアルト・ゾルゲ氏と尾崎秀実氏を知ったことは事実である。中国にいた多くの外国人特派員も彼らを知っているが、情勢に詳しい人たちと交わるのは特派員の義務であった。ゾルゲ氏と尾崎氏は、すぐれたニュース源をもち、私の知る限り立派な人物であった。

しかしながら私は日本に住んだこともなく、日本での彼らの活動については何も知っていない。アメリカ合衆国の敵であった日本のファシストたちが彼らを残酷な拷問にかけ処刑したことを、私は戦後、新聞の報道で知っただけである」（前掲書）

米陸軍省情報部、スメドレーに謝罪

身の潔白を証明するため、スメドレーは連合国軍最高司令官マッカーサー元帥を相手に、法廷で雌雄を決すべく宣言した。元司法省次官ジョン・ロッギーが彼女の弁護を買って出た。ロッギーは思想裁判のエキスパートで有能な弁護士だった。

スメドレーの気迫に押されてたじたじとなったのは、米陸軍省だった。米陸軍省は『ウイロビー報告』発表の一〇日目に止む無く謝罪文を発表した。

「陸軍情報部はアメリカ人作家アグネス・スメドレー女史をソ連のスパイと摘発したことは、事実に反する誤りとして認める」「ウイロビー報告は日本の官憲の資料にもとづいたものであり、公表に当ってはこのことを明記すべきだった」

情報部のアイスター大佐は、「ウイロビーの報告は市民の間に『汝の隣人を怪しめ』という不信感を植え付けるものである。スメドレーのスパイとしての根拠づけもなく、誤った発表をしたことを陸軍当局は遺憾とする。確証もなく、アメリカ市民に泥をなすりつけるやりかたは、政府の政策ではない。アメリカの正義は罪犯の証拠なき市民の潔白をどこまでもまもることにある」と語った。（前掲書）

スメドレーが米陸軍省を相手どって、ウイロビー報告を糾弾していた間、古くからのジャーナリストの親友、エドガー・スノーは終始かたわらにあって彼女を助け、弁護した。スノーは言った。スメドレーは「最後には米陸軍省に止む無く謝罪文を書かせたのだ。彼らが一介の市民に謝罪したのは、前代未聞のことだった」と。

スメドレーとともに、同じくスパイ扱いされたギュンター・シュタイン（暗号名グスタフ）も、当時、ニューヨークにいた。石垣綾子にはこんな思い出がある。

この事件が突発するほんの少し前に、栄太郎と私はギュンター・シュタインの家に招かれて夕食をともにした。その夜はそんなそぶりは全然なかったが、数日して夫妻はアメリカ生活をたたんでパリに立ち去り、私たちの手元にパリ発信の手紙がきた。この突然の行動に驚いたが、この謎はゾルゲ諜報団の一味としてアグネスとともに彼の名が新聞に出たところで解けた。彼はロンドンの『ニューズ・クロニクル』紙の東京特派員当時ゾルゲとの交友はあったが、そのメンバーではなかった。しかしイギリスに国籍を持つ彼は摘発を事前に知り、非市民のゆえに挑戦することはむずかしいと考え、とっさの間にアメリカを脱出したのであった。外国人としての一つの利点は旅券の申請を含む手続きが不要なことである。私たちは彼ら夫妻の無事の脱出を心からよろこんだ。（前掲書）

ちなみに、シュタインはこの事件以来二度とアメリカの地を踏むことがなかった。

周恩来、スメドレーを新中国へ招待

『ウイロビー報告』の風波が一段落した二月下旬のある日、スメドレーのところに上海時代の仲間、陳翰笙がやってきた。彼はこのときワシントン州立大学客員教授として米国に滞在していた。のちにヨハン・ハーキン大学国際問題研究所客員研究員となった。彼は、スメドレーを中国に招待すべく、周恩来の密命を帯びてやってきた。中国共産党から全国解放間際の中国に来てほしいとの招待状と旅費一〇〇〇ドルを携えてきたのだ。スメドレーは小躍りして喜び、親友の石垣綾子に逸早くこのニュースを伝えた。彼女は直接中国行きの旅券はとれないから、申請中のイギリス旅券を手に入れて、そこから中国に行く方法を講じると言った。ロンドンで朱徳の伝記『偉大なる道』を完成させ、健康を回復させてから中国で活動する、と勇み立っていた。（前掲書）

しかし、スメドレーの希望もむなしく、彼女は一九五〇年五月七日、オックスフォードの病院で十二指腸潰瘍の手術後、肺炎を併発し、心臓麻痺で客死。五十七歳の生涯であった。遺言状によってようやく、スメドレーの遺骨は翌年、中国に船で送られて、北京西郊の八宝山革命公墓に納められた。

『ウイロビー報告』は、筆者自身が認めているように、「日本の内務省や司法省に保管されていた「特高秘密記録文書」(一九四二年八月の『特高月報』)をもとにまとめられたものだ。それによると、戦前、日本共産党の再建運動に絡んで逮捕・拘留された伊藤律が北林トモに関する尋問記録の中で、特高の拷問に屈して、米国帰りの北林トモの名前をあげて、注意するように供述したことが、ゾルゲ事件摘発の糸口となったとある。いわゆる「伊藤律端緒説」の出現である。

『特高月報』の中に、特高の作り話があるかどうかなど、歴史資料としてこれをどう扱うかは、人それぞれの立場の違いによって、対応が異なる。ウイロビー報告の発表は、米ソ冷戦がたけなわのころ。日本の隣の大陸では、中国革命が破竹の勢いで進行中。日本国内でも日本共産党が衆議院選挙(一九四九年一月)で三五議席を獲得して未曾有の躍進を遂げていた。これに危機感を募らせた連合国軍最高司令官総司令部(GHQ)が特高の捜査資料や調書を鵜呑みにしてまで、ゾルゲ事件を反ソ・反共の目的に利用しようとしたことは、十分に考えられる。事態のその後の進行は、まさにこの筋書きの通りで、翌五〇年には朝鮮戦争が勃発、日本共産党は地下に追い遣られる結果になったが、ただしこれは別の次元の話である。

日本共産党の立場

『ウイロビー報告』が発表された当日（二月一〇日）、日本共産党政治局員志賀義雄は、党中央を代表して、次のような談話を発表した。

伊藤律がこの事件に関係があったという噂も、すでに一九四六年三月、厳密に調査をすすめた結果、当時の特高に固有の邪悪な謀略と妄想と功賞を求めるための作文にもとづくものであることがわかった。彼は北林トモという婦人とはなんら組織上の連絡はもたなかった。

日共幹部の「特高に固有の邪悪な謀略と妄想と功賞をもとめるための作文」とする指摘にもかかわらず、敗戦後事実上米国の占領下にあった日本では、「伊藤律スパイ説」が独り歩きして、それが一時期定説にまでなっていた。尾崎秀実の異母弟で、のちに評論家となった尾崎秀樹の『生きているユダ』、とりわけ社会派推理小説の大家松本清張が、『日本の黒い霧』所収の『革命を売る男・伊藤律』で、伊藤律スパイ説をかき立てたことも大きかった。しかも、伊藤律には「転向」や「裏切り」の過去があったことも禍いした。『日本共産党の七〇年』（一九九四年）は彼とゾルゲ事件との関りについて、次のように述べている。

…伊藤律がゾルゲ事件の全容を知っていたとはいえないが、北林トモについての彼の自供は、ゾルゲ事件発覚の一つの糸口となった。この自供が特高に評価され、伊藤律は四〇年八月、……起訴留保という奇妙な形で釈放され、……四一年九月末に未決で再収容されるまで、親密な関係にあった尾崎秀実……らに関る情報を定期的に特高に提供した。

二〇世紀の五〇年代、伊藤律は特高のゾルゲ事件摘発に協力し、党を裏切り、組織を売り渡したとして、党から除名された。北京に亡命した伊藤はこの地に二七年間幽閉され、日本に帰国後、一九八七年に死去した。

九〇年代初め、ゾルゲ事件研究家渡部富哉氏が『偽りの烙印　伊藤律・スパイ説の崩壊』（一九九三年）を世に問い、初めてこの「伊藤律端緒説」は崩壊、大きな話題を呼んだ。

渡部氏によれば、特高は伊藤律が北林トモの名前をあげる前から、ゾルゲ事件捜査の内偵を進めており、戦前から共産党員として名の知られていた伊藤律の自供が端緒になって、ゾルゲ事件を摘発したという「功績」を確立するため、伊藤律に意図的に罪をかぶせた、と断定している。

渡部氏のこの指摘は、二〇〇〇年九月二十五日、モスクワで開かれた第二回ゾルゲ事件国際シンポジウムで、ロシア連邦法務局社会・宗教組織局長ウラジーミル・トマロフフスキー氏が行った報告の中で、ゾルゲ事件摘発に絡む特高捜査員に対する褒賞上申書の存在が明らかになったことによって決定的に裏付けられることになった。

この『褒賞上申書』は戦前の内務省警保局の内部資料で、ゾルゲ事件の摘発と被疑者の取り調べに当たった特高捜査員宮下弘警部ら一〇人の略歴ならびに捜査活動を記録した功績調書と、褒賞上申対象者の人名リスト（特高一課関係一〇人、外事課関係四一人）から成っている。原本は未発見であるが、たぶんトマロフスキー氏が発掘した資料は、関東軍が放置した警保局の内部資料（日本語）をソ連軍が押収し、ロシア語に翻訳したものである。この資料は、ゾルゲ事件摘発の端緒は北林トモの姪である青柳喜久代の検挙から始まったことを記述。このことによって、伊藤律の自供がゾルゲ事件の摘発のきっかけとなったという伊藤律端緒説が、完全なデッチ上げであったことが確定されたといえよう。

ゾルゲの名誉回復

歴史は紆余曲折した道をたどる。だが、それは、究極のところ、公正で客観的なものなのだ。権力が高度に集中するソ連では、歴史の見直しや過去の誤りの是正は、往々にしてトップに立った指導者の死後になされた。指導者の生存中は不可能だからだ。ゾルゲとその戦友たちの名誉回復も、この例に漏れなかった。それはスターリンの死と第二〇回党大会に始まる、党の「負の遺産」の清算の中で行われた。ゾルゲの死から二〇年、フルシチョフ治世の最後の年だ。

一九六〇年代初め、フランス映画監督イブ・シャンピが、第二次世界大戦前、東京のドイツ大使館の情報官としてゾルゲと親交を結んだハンス・オットー・マイスネルの著書『ゾルゲ事件一九五五』（大木担訳『スパイ・ゾルゲ』実業之日本社、一九五八年）を脚色して、日仏合作映画『ゾルゲ博士、貴殿は何者だ？』（日本語題名『真珠湾前夜』）を製作、フランスで公開されて、欧州で評判になった。それは「鉄のカーテン」で遮断されたソ連本国にも波及し、それまで外にはだんまりを決め込み、内では闇に葬ったはずのゾルゲが初めてクローズアップされたのだ。

ロシアの現代作家、ニコライ・ツィンコービチが近年、「フルシチョフ・ダーチャ事件」（『二〇世紀最後の秘密』）という一文を著し、ゾルゲの名誉回復に至った秘密を打ち明けた。それによると――。

フルシチョフ失脚の六ヵ月前のこと。

ある日、フルシチョフのダーチャ（モスクワ郊外の別荘）で外国映画の試写会が催された。この日の夕方、党と政府のお偉方が続々とダーチャに詰め掛けた。当時、ソ連では、外国映画を一般大衆向けに公開する前に、まず政府の要人が「審査」する規則があった。そこでＯＫが出れば、映画担当部門が購入、全ソの映画館で公開される仕組みになっていた。

フルシチョフはフランス人監督のイブ・シャンピがどんな人物か気にもしなかったが、ゾルゲの働きとめまぐるしく展開するシーンには、心を奪われたようだった。

「良い映画じゃないか！」上映が終って試写室に灯りがつくと、フルシチョフが興奮して言った。「味も素っ気も無い我々のスパイ映画とは違う」

終始、彼の傍にいた文化相フルツェワ（女性）が首を傾げて、しきりに相槌を打っていた。

このとき、誰かが突然、大きな声で言った。

「ニキータ・セルゲエビチ（フルシチョフに対する親しみを込めた呼び方）これは作り事ではありません。リヒアルト・ゾルゲは実在の人物です！」

フルシチョフは信じられないといった面持ちで尋ねた。

「こんな素晴らしい英雄を、我々の軍隊が知らないとは、一体どういうことなのだ？それも外国映画から自分たちの英雄を知るとは！」

フルシチョフは即刻、関係部門がゾルゲのアルヒーフを探し出して持ってくるように命じた。それも「明日までに」と。

それから間もなくして、フルシチョフは反対派の陰謀によって突然解任されるのだが、ゾルゲとその戦友たちの名誉回復は、フルシチョフの置き土産となった。

半年後の一九六四年十一月五日、ソ連最高会議幹部会議長ミコヤンは「祖国のために立てた卓越した功労とその際に現した果敢な意気込みとヒロイズム」を顕彰するとして、リヒアルト・ゾルゲに「ソ連邦英雄」の栄えある称号を追贈した。

これに先立って、ソ連共産党中央委員会の決定にもとづき、シェレーピン幹部会員兼中央書記局員、セミチャストヌイ国家保安委員会（ＫＧＢ）議長、イワシュキン参謀本部諜報総局

モスクワ・地下鉄ポレジャーエフスカヤ駅周辺の公園に建つゾルゲの巨像

1965年１月最高幹部会議長ミコヤンより故ブケリチに「大祖国防衛戦第一級勲章」が授与された。写真中央は未亡人の山崎淑子

（ＧＲＵ）長官（在位一九六三～八六年）からなる特別案件専門委員会が設けられ、ゾルゲとその生涯についてあらゆる角度から綿密な検討と綜合的な分析が行われた。審査は六ヵ月に及んだ。同年十一月三日、彼らは党中央に報告書を提出、その中でゾルゲとそのグループがソ連のために果した特殊な貢献を全面的に肯定かつ高く評価したのだ。

二〇日後の十一月二十六日、ゾルゲのソ連人妻エカテリーナ・マクシモワのスパイ案件も再審査に付され、その結果、無実の罪が証明されて、名誉を回復した。生前獄中にあったゾルゲが知る由もなかったが、妻のマクシモワは一九四二年九月「ドイツのスパイ」容疑で逮捕され、五年の刑で投獄された。彼女は一九四三年六月、流刑先のシベリア・クラスノヤルスクで病死した。享年三十八歳であった。

ゾルゲの顕彰に次いで、翌一九六五年一月ソ連共産党機関紙『プラウダ』は、ソ連最高会議幹部会が「リヒアルト・ゾルゲ諜報団で行った積極的かつ成果ある工作」を表彰するため、民主ドイツ共和国（東独）クラウゼン夫妻に「赤旗勲章」を授与。ユーゴスラビアのブケリチに「大祖国防衛戦第一級勲章」を追贈したことを伝えた。

クラウゼン夫妻は日本敗戦の一九四五年釈放され、在日ソ連代表部の地下工作で、ウラジオストク経由でソ連に渡った。その後、二人は故国の東独に移り住んだ。二人への叙勲はその矢先のことだった。モスクワ・クレムリンで行われたブケリチへの授与式には、未亡人山崎淑子、一人息子山崎洋《ひろし》も出席、ミコヤン議長からじかに勲章が手渡された。

ゾルゲの「日本人妻」石井花子は、一九六五年五月、ソ連政府の招きで、初めてゾルゲの故国・ソ連の地を踏んだ。

一九八五年、反ファシズム世界大戦の勝利四〇周年を記念して、モスクワに二つの銅像が建った。一つはモスクワ・赤の広場に隣接する歴史博物館裏手、マネージ広場手前に建つ馬上のジューコフ元帥。もう一つは、地下鉄ポレジャーエフスカヤ駅近辺のゾルゲ公園の中に建つゾルゲの巨像と記念碑。著名な彫刻家ツィガリの制作で、パブロフが設計した。オーバーコートを羽織ったゾルゲの立像である。太く釣り上がった眉に険しい目付き。それはあたかも背後に穿《うが》たれた無形の戦場から帰還してきたかのようであった。記念像の背板にはロシア語で「ソ連邦英雄」リヒアルト・ゾルゲの太字が刻まれている。

あとがき

「中国がいま何故ゾルゲなのか？」複数の日本の友人から聞かれたのがこの問いだ。コミンテルンの大物スパイ、「世紀の革命児」（石井花子）。反戦・平和のため、生命を賭してたたかった悲劇の英雄、顕彰するに価いする人物に間違いはないのだが、そう問われると、個人的な体験をも交えて、自分にも思い当る節がいくつかある。

私がゾルゲ、「ゾルゲ―尾崎事件」（以下、〝ゾルゲ〟）を知ったのは戦後のことで、当時、私は東京都立豊島中学（のち文京高校）に通っていた。本郷・西片町のわが家から近かったためだ。戦中、大塚の校舎が米軍の空爆で焼かれ、省線・水道橋――御茶の水間の高台にある元町小学校（いまの竹早小学校）の世話で「間借り」して授業をつづけていた。ここからは神保町にも近く、放課後、よくクラスメイトと誘い合って本屋を見て回ったものだ。

そんなある日、とある古本屋の店頭に、「ゾルゲ事件の真相」と題したパンフレットが並んでいた。スパイ・間諜モノだけに、痛く興味をそそられた。それに連れの親友で頭の良かった級長の今関功が年令に似合わず、戦時中、早く国際諜報団逮捕のニュースを聞き知っていたことから、早速買い求めて、みんなで回し読みをした記憶がある。

私は当時、大のロシアかぶれで、ロシアのことならなんでも関心があった。御茶の水界隈のニコライ堂にあった露語学院でロシア語の勉強を始めたのもこの頃のことだ。このように、戦後のあれやこれやで、私の〝ゾルゲ〟への関心が喚起されたようだが、もちろん認識はまだ浅く、パンフレットを読んでも余り分からなかったのではないかと思う。絞首刑にされたが、悪党ではなく、りっぱな人間であったことだけは脳裏に焼き付いていた。

一九五〇年末、私は中国に帰り、天津・北京に移り住んだ。高校卒業までの二年間、学業に追われてか、ゾルゲへの関心はプツリと切れたようで、いまでは、何も思い出せない。当局の入れ知恵で、新聞や雑誌が〝ゾルゲ〟を話題にしなかったことも原因したのだろう。

当時は中ソの蜜月時代で、中国は「ソ連一辺倒」。モスクワがふたをしたものを、こちら側がこじあけるはずもなかった。相手に悪いからだ。しかし、この姿勢は間もなく崩れる。

一九五四年から六〇年まで、私は国立モスクワ国際関係学院に学んだ。モロトフが戦後の世界状勢の変化を見通してつくったとされる、幹部養成の六年制大学である。

不思議といえば不思議だが、ゾルゲについては、この間、私はなにも聞かされていなかったし、自分から歴史の先生に尋ねるようなこともしなかった。スパイの世界のこと、ルビヤンカ（KGB本部の俗称）の秘密と早合点して遠慮していた節がある。

一九五六年、ソ連で第二〇回党大会がひらかれ、フルシチョフが「反スターリン」の演説をぶった。大会終了後、私たち留学生は校長のロジェンコからその「秘密報告」なるものを聞かされた。

これを契機に、歴史にいう「雪どけ」の時代がはじまる。

この「雪どけ」のなかで、三〇年代スターリンによって粛清されたトハチェフスキー、ウボレビチ、ヤキールら赤軍の大物たちとともに、ＧＲＵの指導者だったベルジンや後任のウリツキーらの名誉回復がなった。しかし、ゾルゲには触れておらず、私も彼と結び付けて考えることもしなかった。

一九六〇年、大学を終え、私は北京に戻った。最初の仕事が商務印書館の哲学編集。三年後、外文出版社に回され、「反修文件」の日本語訳・出版に携わった。是非はともかく、日本語を忘れずにいたのは幸いだった。

この頃から、一九五六年にはじまる中ソのイデオロギー対立が徐々に表面化。以来一〇年にわたって中ソ間で激しい論戦が繰り返された。両国関係は悪化し、一九六六年三月の第二三回党大会を境に完全に決裂して「冬の時代」に入り、門戸が閉鎖された。

一九六四年、フルシチョフの置き土産として、ソ連最高会議幹部会議長ミコヤンより、ゾルゲに「ソ連邦英雄」の栄えある称号が授与されたが、この種の形式で、彼の名誉回復がなったことを私はまったく知らずじまいだった。そもそも、そんなことがあろうとは思ってもいなかった。

中ソ論争の後、中国は一九六六年から丸十年におよぶ文革期に入り、国内は混乱、私の所属する出版社は海外から帰国した知識人が多かったことも災いして修羅の巷と化し、死者も出た。とても〝ゾルゲ〟どころではなかった。私はソ連の特務・スパイ、「帝（帝国主義）、修（修正主義）、反（国民党反動派）の典型的代表」のレッテルを貼られて吊し上げられ、便所の掃除などを一年間させられた後、わずか三年と七ヵ月だが、監獄に入れられた。スターリン粛清とその「拡大化」と重なるものがあって、私には良い体験だった。

一九七八年以降、中国は「改革・開放」の新しい時代を迎える。二年後、国営の新華通訊社出版部が、新中国ではじめて、十数年前のＨ・コロリコフの『間諜――ゾルゲ』を翻訳出版、私もこれに飛び付き、むさぼるように読んだ。一般大衆向けの記録文学で、それなりに価値はあったものの、しょせん歴史書ではなく、曲折した歴史への反省などまったくなかった。しかし、ゾルゲが三年ほど上海に居た記述もあって、私には大きな収穫だった。

中国は礼節を重んずる国。苦難多き中国人民に同情して、その革命を援助した「国際友人」を、中国の人たちは忘れはしない。ゾルゲもウェルナーもスメドレーも、尾崎も中西も西里も、みんなそのような「国際友人」、いつか本にしようと思い立った大きな要因の一つだ。

先の伝記物についで、一九八三年、北京の群衆出版社がディキン・ストーリー共著の『ゾルゲ案件』を中国語に翻訳出版したが、「内部読物」に指定され、一般の読者には公開されなかった。

一九八三年、私は外文出版社から中国新聞社（ＣＮＳ）に移り、翌年の八四年から九四年まで、同社の海外特派員・常駐記者として日本に赴任した。これ以前にも、通訳として数回日本を訪れていたが、かつて体験した戦中・戦後と違って、日本は大きく変わり、私にとっては、実り多き十年間であった。

ゾルゲの全体像、その彼にも全体主義的体制、極左路線ともからむ悲痛な歴史と裏があったのを知ったのはほかならぬ日本であった。悲運のゾルゲ、その死から名誉回復に至るまでの長い年月、私は愕然とした。数々の粛清で、もはやちっとやそっとでは動じることもなかった自分だが、まさかそれがゾルゲにまで及んでいたとは思いだにしなかったのだ。私は〝ゾルゲ〟関係書の収集をはじめた。幸いにして、東京には翻訳書をふくめ、専門書が沢山あった。

そんなある日、日頃から懇意にしていた大先輩で中国の古い友人でもある川田泰代女史が、「一度はゾルゲと尾崎の墓参会にいかれては」と声を掛けて下さった。前にも、女史の誘いで、「徳田球一記念の会」に出向いたこともあってこれを受け、約束の日いっしょに出掛けた。

時は一九九一年十一月七日、場所は東京・府中の多磨霊園。よびかけ人の尾崎秀樹を筆頭に、有志・識者三〇人近くが集まり、ゾルゲと尾崎の墓前に花束と線香を手向けて冥福を祈った後、園内の大野屋で茶話会に入った。

ペレストロイカ（改革）の失敗でソ連が揺れに揺れた頃で、三日天下に終った八・一九のクーデターにつづいて共産党が解散、ゴルバチョフとエリツィンが世界の話題を一身にさらっていた。間もなくソ連が崩壊しようとは、まだ誰もが気付いていなかったに違いない。

この日、尾崎秀樹の挨拶の後、彼の発案で御一人一言ずつ発言することになって、まず石井花子が立った。ソ連の変動を念頭に、「彼女がいったのは、これから先、ゾルゲの運命はどうなるのか」ということだった。日本人妻、ゾルゲを知るひとりとして、もっともな話である。やがて私の番になり、一言、女史の懸念を分かち合うかたちでいった。「第二次大戦とペレストロイカとは別の次元の話しで、先の戦争の反ファシズムの性格が変わらない限り、ゾルゲに対する評価は変わらないのでは」と。口下手の私なのだが、石井花子も少しは分かってくれたのではないかと思う。

尾崎秀樹は中国の古い友人。当時、日中文化交流協会の代表理事をしていた。墓参会の縁で、先生とはその後、有楽町電気ビル二〇階の外人記者クラブで二回ほどお会いし、旅先きの中国での体験や王学文との出合いなど、いろいろお話をうかがった。羽織はかまに草履姿でやってきた尾崎先生を仲間の外人記者が好奇心からか、振り返り振り返りみていたのを覚えている。

私は一九三二年十二月、上海に生まれた。父親の楊春松は台湾省の出身。一九二六年国共第一次合作時代大陸に渡り、武漢で中国共産党に入党、国民党中央海外部（彭沢民）のもとで働いた。王学文とはこの武漢時代からの仲間で、彼はのち特科の指導者のひとりとして、ゾルゲに協力する。

一九二七年五月、プロフィンテルン（赤色国際労働組合）の第一回汎太平洋労働組合代表者会議が武漢でひらかれた際には、父は単身はじめての日本に潜行、山本懸蔵や松本治一郎ら数名の日本代表団の人たちを、無事武漢にまでお連れしている。

同年七月、蔣介石についで汪兆銘が革命から離脱して反共に走った後、父は武漢から上海に逃

1950年初頭の王学文夫妻

れ、やがて党の指令で故里の台湾・中壢に戻り、農民運動に従事した。王学文が台湾へやってきたのは「第一次中壢事件」（一九二七年十一月）の頃で、父は警察に拘留されていた。彼はまた謝雪紅ら台湾共産党の秘密党員でもあった。

一九三〇年初頭、小作争議をあらそう。父は当局の追求を逃れて再度大陸へ渡り、上海「台湾反帝同盟」のもとで党の地下工作に携わった。母親許良鋒が父の後を追って上海へ向かうのは同年中頃。母を迎えると、父はフランス租界・露飛路の一民家に居を構えた。私はこの露飛路で生まれた。当時はこの租界を逆手につかって、党のアジトや連絡場所にあてがい、敵の直接の攻撃を躱《かわ》すのを常とした。ウェルナーが露飛路、ゾルゲが同じくフランス租界の福開森路（いまの武康路）に移り住んだのもこのためだった。

一九三二年、父が逮捕され、「日本国民」の台湾人故に台湾へ強制送還、五年の刑で獄に下った。母は止むなく、一歳になったばかりの私を連れて故郷へ引き返すのだが、当局の取り調べのため、一週間ほど私もいっしょに刑務所の世話になったという。

一九三八年、父が刑期満了で出所、大陸へののぞみを未来に託して、一足先に日本へ向かった。母が六歳になる私を連れて台湾を後にするのは、明くる三九年の冬であった。

小学生だった頃の私の記憶では、父は戦中、日本電報通信社につとめ、漢和辞典の編纂に携わっていた。私もときどき訪れたのだが、電通ビルは銀座四丁目の繁華街から少しはずれた、裏通りの七丁目にあった。いまのソニー会館や日動画廊と隣り合わせ。この電通ビルの地下一階が編集室で、辞書類など分厚い本がうず高く積もれていたのを覚えている。ブケリチの所属していたアバス通信（のちフランス通信）の事務所もその頃、電通ビルのなかにあったのを知ったのは、もちろんずっと後のこと。ゾルゲもときには、電通まで足を伸ばしていたのではないかとも思う。

一九九九年、私は父の伝記『ある台湾人の軌跡――楊春松とその時代』を東京・露満堂（片岡健）から上梓した。銀座・新橋寄りの中華料理店「維新号」での出版記念会には、当時、日本ペンクラブ会長の尾崎秀樹先生もこられ、暖かい祝辞を述べられた。この際、私は長年温めてきた構想を先生に伝え、御指導のほどを願い、励ましのお言葉をいただいた。三年後の二〇〇二年、私は『諜海の巨星――ゾルゲ』を上海・学林出版社から上梓したが、秀樹先生はすでに逝かれた後だった。

「何故ゾルゲなのか？」の問いに答えるつもりで筆を走らせたのだが、格別に興味をそそるような話もなく残念だが、これで多少とも御理解いただければ幸いである。

二〇世紀の末葉、中国でも「ゾルゲ―尾崎事件」関係書が次のように、三冊上梓された。

一　陳翰笙著『四つの時代と私』

二　方知達、梁燕、陳三百共著『太平洋戦争の警報』（記録文学）

三　ルート・ウェルナー著　張黎訳『ソーニャのレポート』（中国名『諜海の思い出』）

これらはいずれも、「無形の戦線」でゾルゲ、尾崎秀実とともに反戦・反ファシズムを闘った人たちの生《なま》の手記である。拙著『諜海の巨星ゾルゲ』とその日本語版では、これらの著書を十分に活かすように心がけた。このほか、近年ハルビン出版の『赤色国際特工（諜報員）』も参考にした。

本書の出版に際しては、ゾルゲ研究の大家・日露歴史研究センター代表白井久也先生、同センター事務局長川田博史氏が訳文に目を通して下さった。白井教授にはなお本書のために、解説をお寄せ頂いた。「徳田球一記念の会」理事・社会運動資料センター代表の渡部富哉先生にも大変お世話になった。とりわけ渡部先生から贈呈された資料は、いまもお役に立たせていただいている。「アジア経済研究所」元研究員の真田岩助氏は北京訪問のつど、西園寺公一著『過ぎ去りし、昭和』など多くの参考書をお持ち下さった。日露歴史研究センター幹事の上里佑子女史は手書きの原稿をパソコンに入力して下さった。上記の方々にひとかたならぬお世話になったことを記し、ここに深甚なる謝意を表したい。

編集・出版の過程では、とくに社会評論社代表松田健二氏に負うところが大きい。ここに記して、心からの謝意を表したい。

いまは故人となられた尾崎秀樹先生、先輩川田泰代女史も、生前、つとに筆者の著述に関心を寄せられていた。本書の上梓を待たずに逝かれた御二人が悔やまれてならない。いまは霊前に小著を捧げて、心からご冥福を祈るばかりである。

二〇〇九年十月、北京で　　楊　国光

主要参考文献（国別）

ソ連・ロシア

「ソ連最高会議幹部会布告」『プラウダ』一九六四年十一月六日
B・マエフスキー「リヒアルト・ゾルゲ同志」『プラウダ』一九六四年九月四日
B・チェルニヤーエフスキー「あるソ連スパイの英雄的な物語」『イズベスチヤ』一九六四年九月五日
Ю・コロリコフ著『彼には秘密は存在しなかった——リヒアルト・ゾルゲ』政治書籍出版社　モスクワ、一九六六年　永穆　爰琦　李薇訳『スパイ——ゾルゲ』新華出版社　北京、一九八〇年
M・コレスニコワ　M・コレスニコフ共著『リヒアルト・ゾルゲ』若き親衛隊出版社　モスクワ、一九七五年
C・ゴリヤコフ　M・イリンスキー共著『ゾルゲ——ある情報員の功績と悲劇』ウェチェ出版社　モスクワ、二〇〇一年
F・チュエフ日記抄『モロトフ秘録』社会科学文献出版社　北京、一九九二年
A・フェシュン編『ゾルゲ事件——未公開資料』モスクワ、二〇〇〇年
P・スドプラートフ著『情報機関とクレムリン』モスクワ、一九九六年
A・ゴルバチ　D・ブラホロフ共著『GRU帝国』全二巻　ウェチェ出版社　モスクワ、二〇〇一年
二〇〇〇年モスクワ国際シンポジウム編『リヒアルト・ゾルゲとその盟友たち』

日本

日本共産党中央委員会編『日本共産党の七〇年』全三冊　新日本出版社、一九九四年
志賀義雄著『日本共産党史覚え書』田畑書店、一九七八年
袴田里見著『昨日の同志宮本顕治へ』新潮社、一九七八年
『尾崎秀実著作集』全五巻　勁草書房、一九七七—一九九〇年

石井花子著『人間ゾルゲ』角川文庫、二〇〇三年
川合貞吉著『ある革命家の回想』新人物往来社、一九七三年
J・マーダー著／植田敏郎訳『ゾルゲ事件の真相』朝日ソノラマ、一九八六年
西里竜夫著『革命の上海で――ある日本人中国共産党員の記録』日中出版社、一九七七年
尾崎秀樹著『ゾルゲ事件』中央公論社、一九六三年　『上海一九三〇年』岩波書店、一九八九年
西園寺公一著『過ぎ去りし、昭和』アイペックスプレス、一九九一年
白井久也著『未完のゾルゲ事件』恒文社、一九九四年
白井久也著『国際スパイゾルゲの世界戦争と革命』社会評論社、二〇〇三年
白井久也　小林峻一編『ゾルゲはなぜ死刑にされたのか』社会評論社、二〇〇〇年
渡部富哉著『偽りの烙印　伊藤律スパイ説の崩壊』五月書房、一九九三年　『生還者の証言』五月書房、一九九九年
伊藤律著『回想録――北京幽閉二七年』文藝春秋、一九九三年
朝日新聞山形支局『ある憲兵の記録』朝日文庫、一九九一年
一九九八年東京国際シンポジウム編『二十世紀とゾルゲ事件』
斎藤道一著『ゾルゲの二・二六事件』田畑書房、一九七七年
『尾崎―ゾルゲ事件と伊藤律』一九九二年
法眼晋作著『二次大戦時の日本外交の内幕』中国文史出版社、一九九三年
石垣綾子著『回想のスメドレー』光明日報出版社、一九九二年
NHK取材班下斗米伸夫『国際スパイゾルゲの真実』角川文庫、一九九二年
『現代史資料　ゾルゲ事件』みすず書房、一九八〇―八四年
ロバート・ワイマント著／西木正明訳『ゾルゲ――引裂かれたスパイ』新潮社、一九九六年

日露歴史研究センター事務局編『ゾルゲ事件関係外国語文献翻訳集』No.1〜No.21

中国

胡縄主編『中国共産党の七〇年』中共党史出版社、一九九一年
中共中央編訳局訳『中国共産党小史』全二巻　北京外文出版社
陳翰笙著『四つの時代と私』中国文史出版社、一九八六年
張文秋著『毛沢東の親族　張文秋回想録』広東教育出版社、二〇〇二年
方知達　梁燕　陳三百共著『太平洋戦争の警報』東方出版社、一九九五年
『王学文「資本論」研究文集』中国社会科学出版社、一九八二年
穆欣著『上海時代の陳賡同志――中央特科のたたかい』文史資料出版社、一九八〇年
中共中央文献研究室編、金冲及主編『周恩来伝』全四巻　中央文献出版社、一九九八年
中共一大会址記念館　中共代表団上海弁事処記念館『上海時代の周恩来』写真集　中共党史出版社、二〇〇八年
劉海藩　朱満良主編『中共中央党学校有名教師』中共中央党学校出版社、二〇〇二年
張暁宏　許文竜共著『赤色国際特工（諜報員）』ハルビン出版社、二〇〇六年
劉万鈞等著『満州のマフィア――ロシア・ナチスの黒幕』黒竜江人民出版社、一九九三年
佟宝星等著『スターリン問題についての再認識』社会科学文献出版社、一九九四年
孫喬著『ルビヤンカのアルヒーフ――KGBの興亡史』甘粛文化出版社、一九九七年

その他

F・W・ディーキン　G・R・ストーリィ共著／聂崇厚訳『ゾルゲ案件』群衆出版社、一九八三年
ルート・ウェルナー著／張黎訳『ソーニャのレポート』（『諜海の思い出』）解放軍文芸出版社、二〇〇〇年
レオポルド・トレッペル著『大いなる賭け――赤のカペラ首領の回想』香港・南粤出版社、一九八〇年
ワルテル・シェレンベルグ著『秘密機関長の手記』群衆出版社、一九六三年

［解説］

ゾルゲと周恩来の秘密会見を詳述

中国人ジャーナリストが明かす知られざるゾルゲの実録

白井久也

本書は中国の「ゾルゲ事件」研究の第一人者であるベテラン・ジャーナリスト楊国光氏が、二〇世紀最大の国際スパイと言われるソ連軍事諜報員、リヒアルト・ゾルゲの生涯を、ドキュメンタリー・タッチで書き下ろした「実録・ゾルゲ伝」である。

日本では太平洋戦争開戦前夜に、特高警察が摘発したゾルゲやゾルゲ事件関係の本が、たくさん出版されている。翻訳物も含めると、優に二〇〇冊前後にのぼるのではないだろうか。だが、ずばりゾルゲ伝そのものとなると、なかなか思い当らない。その点、本書は貴重な文献と言えよう。

日本で出版されたゾルゲやゾルゲ事件関係の本の多くは、ゾルゲがいかに優秀な軍事諜報員であったかを物語る例として、東京で成功した次の二つの諜報活動をあげている。

一　ナチス・ドイツは一九四一年六月二十二日、ソ連に宣戦布告することなく、突如、対ソ電撃侵攻を行なった。ゾルゲはかねてから仲が良かった前在日ドイツ大使館付陸軍武官ショル中佐から、ナチス・ドイツの対ソ侵攻の情報を聞き出して、モスクワに通報した。にもかかわらず、スターリンはこのゾルゲ情報を無視したため、ソ連は独ソ戦の緒戦で大敗を喫してしまった。

二　太平洋戦争が始まる三ヵ月前の四一年七月二日に開いた御前会議で、日本は「北進」（対ソ開戦）せずに「南進」（米英と開戦）する決定を行なった。ゾルゲは諜報活動の盟友尾崎秀実《ほつみ》から、日本のこの国家機密を聞き出して、モスクワにいち早く通報。スターリンはこのゾルゲ情報によって、日本の侵略に備えてソ満国境に張りつけていた極東ソ連軍の兵力の一部を西送した。このため強力な援軍を得たソ連軍は、モスクワを取り巻くナチス・ドイツ軍の軍事包囲網を打ち破って、モスクワ攻防戦に勝利を収めた。

ゾルゲは諜報活動に入る前、軍事諜報員としての職業的な訓練を受けたことは一度もなかった。それなのに、プロの諜報員顔負けのウルトラＣ級の国家機密情報を日本でやすやすと入手できたのは、なぜか？　日本で出版された多くの本は、ゾルゲが日本で諜報活動をやる前に上海に派遣され、上海で諜報活動のトレーニングをやったことが非常に役立ったように書かれている。だが、果してそうだろうか？　上海でゾルゲがやったのは、諜報活動のトレーニングではなくて、元々諜報活動そのものであったことを、本書が示している。

ゾルゲは日本に派遣される前の一九三〇年一月から三三年一月までの三年間、主に上海を拠点にして、中国で諜報活動を行なった。では、ゾルゲは中国で何をやったのか？　中国におけるゾルゲの諜報活動の内容は、現段階では決定的に明らかになったものはない。八〇年代の「ゴルバチョフ改革」で、ソ連国内でそれまで秘匿されていたゾルゲ関係資料の一部が明るみに出たが、エリツィン政権、それに続くプーチン政権の時代に、歴史文書の管理が一段と厳重になって、ゾルゲ関係の重要な文書や資料は再び、日の目を見ることができなくなってしまった。これに対して、中国は最初から、歴史文書に蓋をしていて、ゾルゲ関係の文書や資料は何も公になっていない。そうした中で、楊氏は日本の研究者と資料や意見の交換をする一方、長年、独自の取材を続けることによって、中国でのゾルゲの諜報活動の真実の一部に迫ることができた。それがほかならぬ、本書の日本語版の出版に当たって、新たに一章書き下ろされた「ゾルゲと周恩来の秘密会見」の記述であった。

過ぎ去った二〇世紀は「世界戦争」と「革命」と「植民地解放による諸民族の独立」の世紀であった。一九二〇年代から三〇年代初めにかけて、東アジアのど真ん中で進行中であった「中国革命」は、反動勢力の跋扈《ばっこ》によって、大きな転機を迎えていた。中国の革命家孫文と世界革命を標榜するコミンテルン（共産主義インタナショナル）の肝煎《きもい》りで、始まった第一次国共合作は、国民党のボスで反動的な蒋介石の裏切り、すなわち「上海クーデター」（一九二七年の「四・一二」事件）よって敢え無く瓦解。多大な犠牲を強いられた共産党は、地下に潜行。広大な農村地帯に根拠する土地革命と、武装蜂起に訴えざるを得なくなった。だが、当時の共産党指導者周恩来（のちの中国首相）の指揮による南昌武装蜂起は、国民党軍の包囲攻撃で敗退。中共中央は武漢から上海に移り、上海を足場に全国の革命運動の指導を続けた。同年十一月、上海に潜入した周恩来は、党中央直々の命令に基づき、政治局常務委員兼軍事書記として、党中央の主要な仕事の責任を担うことになった。

ゾルゲが中国にやってきたとき、周恩来はその任にあること丸二年が経過し、白色テロの横行する中で、中共中央特科（党中央の防諜機関）の組織づくりに取り組み、敵陣営内部の情報の収集と掌握に全力をあげていた。上海を拠点に諜報活動を始めたゾルゲは、中国国内にいち早く一〇〇人前後の工作員から成る諜報網を作り上げ、発足間もない中共特科とも、密接な協力関係を築いていた。

周恩来はゾルゲが上海で諜報活動を三年間やっている間に、二回もモスクワを訪問、ソ連と強力なパイプを作った。第一回目はモスクワで開いた中共第六回党大会に参加するため、二八年五月から十月まで同地に滞在、スターリンとブハーリン（のちに粛清）と中国革命の性格付けなどを巡って論議を重ねた。第二回目のモスクワ訪問は、三〇年三月から八月にかけてで、コミンテルンに中共の内部事情を報告するためだった。このとき周恩来は、開催中のソ連共産党第一六回大会に招かれて、「中国革命の高潮と中国共産党」と題する報告を行なった。

こうした経緯から判断して、本書は「周恩来はゾルゲ機関も含めたコミンテルンの中国、とくに上海での活動に詳しく、彼らはつねに周の視野のうちにあった」と、断定している。楊氏が本書のために新たな一章を設けて、特別に書き下ろしたゾルゲと周恩来の極秘会見の記述は、上海のゾルゲ機関と当時の中共中央を代表していた周恩来が、極めて密接な関係を持っていたことを示す内実を明らかにしたものであった。二〇〇八年五月八日、時事通信はゾルゲと周恩来の秘密会見に関する特ダネ記事を配信、翌九日に同社と配信契約を結んでいる河北新報など日本の地方紙にそれが大きく載り、その翌日には米国のロサンゼルスまでニュースの波紋が広がった。のちに判明するのだが、時事通信にゾルゲと周恩来の秘密会見の情報を提供したのは、ほかならぬ本書の著者である楊氏であった。

ゾルゲと周恩来の秘密会見――「そんなものは、偽情報だ」と頭から否定する人が、今もって少なくない。だが、本書によると、その典拠は『毛沢東の親族　張文秋回想録』（広東教育出版社、二〇〇二年）である。彼女は別名張一萍と言い、当時、党中央機関の連絡員（交通員）として、上海で地下工作に従事していた。

張文秋の『回想録』は、一九三一年のある日、仕事の都合で上海を離れて中央ソビエト区に移ることになった周恩来が、張一萍を伴い、フランス租界の高級ホテルのある一室で、ゾルゲに引き合わせて、「ゾルゲの指導の下に働く」ことを指示したことを記述。このあと二人は、さらなる人員の派遣を巡って話をして、「周恩来は笑って賛成の意思表示をし、ゾルゲも感謝の言葉を連発して、大喜びであった」模様を詳しく説明している。張文秋はその後、毎日一〇数種の中華紙に目を通して、国民党の軍事と、中国国内の政治、経済、文化関係の情報を集めて、自分の判断や分析を加えて、他の仲間が英語に翻訳したものをゾルゲに手渡した。ゾルゲはそれを読んで暗号を組み立て、ハルビンまたは香港経由でモスクワに送った事情が、同書に細かく書かれている。これによって、ゾルゲの上海での諜報活動が、中共の協力に支えられていたことが、初めて明らかになった。

同時に、ゾルゲの諜報活動が中国革命と深く関わっていたことも、本書の記述によって裏付けられた。蔣介石は西側列強の支援を受けて共産軍を絶滅するべく、数次にわたる「包囲討伐作戦」に打って出た。対する中共中央は、蔣介石が画策中の「包囲討伐作戦」の計画、兵力と装備、兵力配置などの情報を切に求めていた。これを知ったゾルゲは、ドイツ人記者の立場を利用して、国民党のドイツ軍事顧問団に深く食い込んで、蔣介石の「包囲討伐作戦」の進攻方向、兵力配置、部隊集結の日時などの情報を入手、逐一、モスクワに報告する一方、中共特科幹部の陳翰笙にも通報した。陳は早速、孫文未亡人の宋慶齢女史（のちの中国国家副主席）に伝え、彼女は党の秘密ルートを通じて中華ソビエト区に知らせた。この報に接した共産軍は、すぐさま戦術的移動により対応、国民党軍の襲撃をかわすことができた。この地区で二ヵ月間、ゲリラ戦を展開した共産軍は、国民党軍に多大な損害を与えたのち、四川・陝西地区で新しい根拠地を切り開いたのであった。

共産軍による対国民党軍への反攻作戦で、ゾルゲが担った役割は、もちろんあくまでも限定的なものであった。だが、「特殊な情報分野のものとはいえ、中国革命の困難な時期だけに、その功績は大きく忘れ難いものである」というのが、中国でのゾルゲの諜報活動に対する本書の評価である。

近年、ロシア側が公表した機密文書によると、ゾルゲの上海在勤三年間に、モスクワに向けて発信された緊急電報は、全部で五九七通にのぼった。このうち半数以下の三三五通が、同時に労農紅軍（共産軍）または中華ソビエト地区に送信されたことが判明、労農紅軍側が国民党軍の兵力・装備や軍事展開の日時・方向などを知るうえで、少なからぬ役割を果したことがうかがえる。

このほかに、上海の中共特科の責任者だった王学文や潘漢年らとの交友関係など、日本のゾルゲやゾルゲ事件関係の本には滅多に出てこない貴重な記述がたくさんあって、ゾルゲやゾルゲ事件研究者にとっては、極めて有益である。この方面の情報は日本ではまさに「欠落部分」に当たるため、当然と言えよう。中国に秘匿されているゾルゲやゾルゲ事件の文書や資料がいつ解禁されるか、今のところ皆目分からない。しかし、楊氏のような熱心な研究者が努力すれば、未公開文書の入手も決して夢ではない。楊氏による一段と優れた研究成果の発表が今後、期待される所以《ゆえん》である。

（しらいひさや　日露歴史研究センター代表）

た行

陶晶孫（タォチンスゥン）　28
高橋是清　124
田中愼次郎　158
田中忠夫　111
タチアナ・ニコラエワ・モイセーエニカ　63
紀守光（チーソゥシェン）　140, 143
銭大鈞（チェンターチュン）　80
簡吉（チェンチー）　105
銭俊瑞（チェンツゥンルイ）　108
銭壮飛（チェンツヮンフェイ）　80
喬石（チャオスー）　118
蔣介石（チャンチエスー）　50, 71, 76, 82, 105, 127, 128, 177, 178
秋世顕（チュウスーション）　143
秋萍（チュウピン）　79
蔡叔厚（ツァイスゥホゥ）　80
蔡歩虚（ツァイプーシェイ）　80
蔡元培（ツァイユアンペイ）　91
蔡咏裳（ツァイユンサン）　61, 69
趙港（ツァオカン）　105
趙国文（ツァオクォウェン）　140, 143
趙尚志（ツァオサンツー）　140, 142
章文先（ツァンウェンシェン）　80
張逸仙（ツァンイーション）　140
張一萍（ツァンイーピン）　76, 77
張文秋（ツァンウェンチュウ）　75, 77–80, 89
張学良（ツァンシュエリャン）　127, 128
張樹棣（ツァンスゥティ）　80
張沖（ツァンツゥン）　86, 87
張作霖（ツァンツオリン）　92
張放（ツァンファン）　80
張永興（ツァンユンシン）　80
朱鏡我（ツゥチンウオ）　106
朱徳（ツゥトオ）　78, 81, 88
陳賡（ツェンクォン）　80, 81
陳浩笙（ツェンハオスン）　80
陳翰笙（ツェンハンスン）　29, 36, 37, 55, 61, 79, 83, 89, 92–95, 97–102
陳伯達（ツェンポーター）　117
陳盂君（ツェンユイチュン）　78
陳雲（ツェンユン）　81, 118, 181
陳立夫（ツェンリーフー）　85
周恩来（ツォウエンライ）　71–78, 80, 87, 178
鰍玉弁（ツォウユィスン）　143
成仿吾（ツォンファンウー）　28, 103
鄭伯奇（ツンポーチー）　28
ディッゲン　15
ディルクセン　122
丁玲（ティンリン）
手島博俊　111
テールマン（エルンスト）　17
田漢（テンハン）　28
土肥原賢二　40
東郷茂徳　135
董秋斯（トゥンチュースー）　61, 69, 76, 80
トカチェンコ　43
トハチェフスキー　132
トロツキー　46, 106
豊田貞次郎　161
鄧頴超（トンインツァオ）　118

な行

中島節子　100, 101
中西功　111, 113, 156, 157, 178, 180, 181
南漢宸（ナンハンツェン）　98

人名索引

楊　国　光（YANG GUO-GUANG）
1932年、上海生まれ。小・中・高校を東京で学び、50年帰国。54年旧ソ連へ留学し、60年モスクワ国際関係大学卒。帰国後、商務印書館（60—63年）、外文出版社（64—83年）に勤務。84年、中国新聞社駐日特派員として再来日、86—94年、同社東京支局長。1994年定年退職。中国国際友人研究会理事。
主な著書『ある台湾人の軌跡—楊春松とその時代』（日本語版　東京・露満堂　中国語版　台北・人間出版社）、『諜海の巨星ゾルゲ』（上海・学林出版社）、『リヒアルト・ゾルゲ—ある秘密情報員の功績と悲劇』（上海・世紀出版集団　漢語大辞典出版社）、訳書　宇佐美省吾著『人生の鬼—松永安左ヱ門伝』（共訳　北京・中国国際広播出版社）等。

ゾルゲ、上海ニ潜入ス
——日本の大陸侵略と国際情報戦

2009年11月28日　初版第１刷発行

著　者：楊国光
装　幀：桑谷速人
発行人：松田健二
発行所：株式会社社会評論社
東京都文京区本郷2-3-10　☎03(3814)3861　FAX 03(3818)2808
http://www.shahyo.com
印刷：ミツワ
製本：東和製本

ISBN978-4-7845-0589-0